农民教育培训·小杂粮产业兴旺

小杂粮

绿色高效生产技术

田海彬　袁建江　胡永锋　◎　主编

中国农业科学技术出版社

图书在版编目（CIP）数据

小杂粮绿色高效生产技术 / 田海彬，袁建江，胡永锋主编．—北京：中国农业科学技术出版社，2019. 9

ISBN 978-7-5116-4382-7

Ⅰ. ①小…　Ⅱ. ①田…②袁…③胡…　Ⅲ. ①杂粮-高产栽培 Ⅳ. ①S51

中国版本图书馆 CIP 数据核字（2019）第 195306 号

责任编辑　崔改泵
责任校对　贾海霞

出 版 者　中国农业科学技术出版社
　　　　　北京市中关村南大街 12 号　邮编：100081
电　　话　(010)82109194(编辑室)　(010)82109702(发行部)
　　　　　(010)82109709(读者服务部)
传　　真　(010)82106650
网　　址　http://www.castp.cn
经 销 者　各地新华书店
印 刷 者　北京富泰印刷有限责任公司
开　　本　880mm×1 230mm　1/32
印　　张　6
字　　数　151 千字
版　　次　2019 年 9 月第 1 版　2019 年 9 月第 1 次印刷
定　　价　31. 80 元

《小杂粮绿色高效生产技术》
编委会

前言

我国作为一个传统的农业大国，在粮食生产上向来覆盖面十分巨大，除了水稻、小麦和玉米为主的三大农作物之外，我国还具有多种杂粮作物。小杂粮作为我国农业体系中在近几年间新兴而起的一项潜力产业，不仅具有营养价值高、经济效益显著等特点，更对我国农业结构的优化和人们膳食结构的改善起到了重要作用。

本书主要讲述了高粱绿色高效生产技术、荞麦绿色高效生产技术、燕麦绿色高效生产技术、大麦绿色高效生产技术、糜子绿色高效生产技术、籽粒苋绿色高效生产技术、青稞绿色高效生产技术、谷子绿色高效生产技术、红米绿色高效生产技术、黑米绿色高效生产技术、紫米绿色高效生产技术、薏苡绿色高效生产技术、绿豆绿色高效生产技术、小豆绿色高效生产技术、豌豆绿色高效生产技术、蚕豆绿色高效生产技术、豇豆绿色高效生产技术、黑豆绿色高效生产技术、小扁豆绿色高效生产技术、芸豆绿色高效生产技术等方面的内容。

由于编者水平所限，加之时间仓促，书中错误之处在所难免，恳切希望广大读者和同行不吝指正。

编　者

目　录

第一章　高粱绿色高效生产技术

第一节　概　述

高粱又名蜀黍、芦粟、秫秫，是世界居水稻、玉米、小麦、大麦后的第五大谷类作物，也是中国最早栽培的禾谷类作物之一。高粱起源问题目前尚未定论，但是多数学者认为原产于非洲，在中国已经有 7 000 年的栽培历史。高粱光合效率高、抗逆力强、适应性广、用途多样、变异多，其中非洲是产生高粱变种最多的地区。种类繁多的野生高粱和栽培高粱遍布于世界各大洲的热带和亚热带、南北温带的平原、丘陵、高原和山区。高粱长期生长在干旱、少雨、气候恶劣、土壤贫瘠、风沙大的地区，作为“生命之谷”“救命之谷”在人类的发展史上曾经起到相当重要的作用。高粱的生物学产量和经济产量均较高，是我国的重要粮食作物、饲用作物和能源作物，也是重要的旱地、盐碱地栽培作物。

第二节　绿色高效生产技术

一、耕作及播种技术

（一）选地、选茬、整地及选种

1. 选地

高粱具有抗旱、耐涝、耐盐碱、耐瘠薄、适应性广等特点，对土壤的要求不太严格，在沙土、壤土、沙壤土、黑钙土上均能良好生长。但是，为了获得产量高、品质好的籽粒，高粱种植田应设在较好田块上，要求地势平坦，阳光充足，土壤肥沃，杂草少，排水良好，有灌溉条件。

2. 选茬

轮作倒茬是高粱增产的主要措施之一。高粱种植忌连作，连作一是造成严重减产，二是病虫害发生严重。高粱植株生长高大，根系发达，入土深，吸肥力强，一生从土壤中吸收大量的水分和养分，因此合理的轮作方式是高粱增产的关键，最好前茬是豆科作物。一般轮作方式为：大豆—高粱—玉米—小麦或玉米—高粱—小麦—大豆。

3. 整地

为保证高粱全苗、壮苗，在播种前必须在秋季前茬作物收获后抓紧进行整地作垄，以利于蓄水保墒，延长土壤熟化时间，达到春墒秋保，春苗秋抓目的。结合施有机肥，耕翻、耙压，要求耕翻深度在20~25cm，有利于根深叶茂，植株健壮，获得高产。在秋翻整地后必须进行秋起垄，垄距以55~60cm为宜。早春化冻后，及时进行一次耙、压、耢相结合的保墒措施。

4. 选种

品种选择是高粱增产的重要环节之一，要因地制宜选择适宜当地种植的高产、抗性强的高粱杂交新品种作为生产用种。如中国农业科学院品质资源研究所（现为中国农业科学院作物科学研究所）选育而成的中早熟、抗病、矮秆高粱品种V55，该品种抗倒伏、抗高粱红条病毒病，对丝黑穗病免疫，此品种适宜在北京、河北、河南、山西、吉林、辽宁等地种植。吉林省及长春地区可选长春市农业科学院选育的长杂

1628，该品种产量高，经济效益可观。

（二）种子处理

播前种子处理是提高种子质量、确保全苗、壮苗的重要环节。

1. 发芽试验

掌握适宜播种量是确保全苗高产的关键。播种前要根据高粱种子的发芽率确定播种量，一般要求高粱杂交种发芽率达到85%～95%，根据种子不同的发芽率确定播种用量，如果发芽率达不到标准要加大播种量。

2. 选种、晒种

播种前选种可将种子进行风选或筛选，淘汰小粒、瘪粒、病粒，选出大粒、籽粒饱满的种子作生产用种，并选择晴好的天气，晒种2～3d，提高种子发芽势，播后出苗率高，发芽快，出苗整齐，幼苗生长健壮。

3. 药剂拌种

在播种前进行药剂拌种，可用25%粉锈宁可湿性粉剂，按种子量的0.3%～0.5%拌种，防治黑穗病，也可用辛硫磷颗粒剂在播种时同时施下，防治地下害虫。

（三）适时播种

高粱要适时早播、浅播，掌握好适宜的播种期及播种量是确保苗全、苗齐、苗壮的关键。影响高粱保苗的主要因素是温度和水分，高粱种子的最低发芽温度为7～8℃，种子萌动时不耐低温，如播种过早，易造成粉种或霉烂，还会造成黑穗病的发生，影响产量，因此要适时播种。

要依据土壤的温湿度、种植区域的气候条件以及品种特性选择播期。一般土壤5cm内、地温稳定在12～13℃、土壤湿度在16%~20%播种为宜（土壤含水量达到手攥成团、落地散开时可以播种）。

（四）播种方法

采用机械播种，速度快、质量好，可缩短播种期。机械播种作业时，开沟、播种、覆土、镇压等作业连续进行，有利于保墒。垄距65~70cm，垄上双行，垄上行距10~12cm（收草用饲用高粱可适当缩减行距），播种深度一般为3~4cm。土壤墒情适宜的地块要随播随镇压，土壤黏重地块则在播种后镇压。

除机械播种外，采用三犁川坐水种，三犁川的第一犁深趟原垄垄沟，把氮、钾肥深施在底层，磷肥施在上层。第二犁深破原垄，拿好新垄。4h后压磙子保墒，以备第三犁播种用。第三犁首先耙开垄台，浇足量水用手工点播已催芽种子，防止伤芽。点播后覆土，覆土厚度要求4cm以下，过6h用镇压器压好保墒，采用这种方法播种的种子出苗快，齐而壮，7d可出全苗，避免因低温造成粉种。硬茬可采取坐水催芽扣种的办法。

（五）合理密植

合理密植能提高土地及光能的利用率，按大穗宜稀、小穗宜密的原则，一般保苗数为10.5万~12.0万株/hm^2。高粱种子千粒重20g左右，1kg种子5万粒左右，按成苗率65%计算，加上播种、机械、农田作业等对苗的损害，最佳播种量为10.5kg/hm^2。另外，如果以生产饲草为主的饲用高粱，可采取条播方式，适宜播量为40.5kg/hm^2，适宜播深2~3cm，播后及时镇压。

二、田间管理

（一）间苗定苗

高粱出苗后展开3~4片叶时进行间苗，5~6片叶时定苗。

间苗时间早可以避免幼苗互相争养分和水分，减少营养消耗，有利于培育壮苗；间苗时间过晚，苗大根多，容易伤根或拔断苗。低洼地、盐碱地和地下害虫严重的地块，可采取早间苗、晚定苗的办法，以免造成缺苗。

（二）中耕除草

分人工除草和化学除草。高粱在苗期一般进行 2 次铲趟。第一次可在出苗后结合定苗时进行，浅铲细铲，深趟至犁底层不带土，以免压苗，并使垄沟内土层疏松；在拔节前进行第二次中耕，此时根尚未伸出行间，可以进行深铲，松土，趟地可少量带土，做到压草不压苗；拔节到抽穗阶段，可结合追肥、灌水进行 1~2 次中耕。

化学除草要在播后 3d 进行，用莠去津 3.0~3.5kg/hm^2 对水 400~500kg/hm^2 喷施，如果天气干旱，要在喷药 2d 内喷 1 次清水，喷湿地面提高灭草功能；当苗高 3cm 时喷 2，4-滴丁酯 0.75kg/hm^2，具体除草剂用量和方法可参照药剂说明使用，但只能用在阔叶杂草草害严重的地块，对于针叶草应进行人工除草。经除草、培土，可防止植株倒伏，促进根系的形成。

（三）追肥

高粱拔节以后，由于营养器官与生殖器官旺盛生长，植株吸收的养分数量急剧增加，是整个生育期间吸肥量最多的时期，其中幼穗分化前期吸收的量多而快。因此，改善拔节期营养状况十分重要。一般结合最后一次中耕进行追肥封垄，每公顷追施尿素 200kg，覆土要严实，防止肥料流失。在追肥数量有限时，应重点放在拔节期一次施入。在生育期长，或后期易脱肥的地块，应分两次追肥，并掌握前重后轻的原则。

（四）灌溉与排涝

高粱苗期需水量少，一般适当干旱有利于蹲苗，除长期干旱外一般不需要灌水。拔节期需水量迅速增多，当土壤湿度低于田间持水量的75%时，应及时灌溉。孕穗、抽穗期是高粱需水最敏感的时期，如遇干旱应及时灌溉，以免造成“卡脖旱”影响幼穗发育。

高粱虽然有耐涝的特点，但长期受涝会影响其正常生育，容易引起根系腐烂，茎叶早衰。因此在低洼易涝地区，必须做好排水防涝工作，以保证高产稳产。

(五) 饲用高粱刈割

饲用高粱（高丹草）适宜刈割留茬高度10~15cm。一年3次青刈利用，每次青刈以株高150cm为宜；一年2次刈割利用，第一茬在株高170cm青刈饲喂家畜，第二茬在深秋下霜前株高约300cm时刈割，可作青用或晒制优质干草，供冬春季舍饲利用。

第三节 病害虫绿色防控

高粱苗期病害较少，特殊年份会发生白斑病，用硫酸锌1.0kg/hm^2、尿素0.7kg/hm^{2}对水225kg喷防。目前，影响高粱产量主要的病害主要是高粱黑穗病，为减少其发生，首先要在春季适时晚播，在土壤温度较高时播种，种子出苗较快，可减少病菌侵染机会，减少黑穗病发病率；其次是进行种子处理，如包衣等。

高粱害虫主要是黏虫和玉米螟，黏虫防治可用50%二溴磷乳油2 000~2 500倍液，玉米螟防治可用氰戊菊酯乳油或溴氰菊酯乳油对水喷雾。收获前20~30d可选用农药防治。

蚜虫防治每亩用40%乐果乳油0.1kg，拌细沙土10kg，扬撒在植株叶片上；或40%氧化乐果加10%吡虫啉进行联合用药防治。

第四节　适时收获与贮藏

高粱收获期对于产量和籽粒品质均有影响。蜡熟末期是高粱籽粒中干物质含量达到最高值的时期，为适宜收获期。过早收获，籽粒不充实、粒小而轻、产量低。过晚收获，籽粒会因呼吸作用消耗干物质，使粒重下降，并降低干物质。高粱怕遭霜害，如遇到霜害，种子发芽率降低或丧失发芽率，商品粮质量降低，因此，适时收获是高粱增产保质的关键。收获期一般掌握在 9 月 20 日前后蜡熟末期。

种子收获根据种子田的大小、机械化程度的高低而采取相应措施。种子田面积小的可采用人工收获，最好在清晨有雾露时进行，以减少种子损失。割后应立即搂集并捆成草束，尽快从田间运走。不要在种子田内摊晒堆垛。脱粒和干燥应在专用场院进行。用机器收获时，应在无雾或无露的晴朗、干燥天气下进行。

种子收获后应立即风扬去杂，晒干晾透。高粱种子的干燥方法有自然干燥和人工干燥两种。自然干燥是利用日光暴晒、通风、摊晾等方法来降低种子的水分含量。分两个阶段进行：第一阶段是在收割以后，捆束在晒场上码成小垛，使其自然干燥，便于脱粒；第二阶段是脱粒后的种子在晒场上晾晒，直至种子的湿度符合贮藏标准为止。人工干燥是利用各种不同的干燥机进行，要求种子出机时的温度在 30~40℃。

种子干燥后，即可装袋入库贮藏，一般种子库要有通风设施，注意防潮防漏、防鼠，常温下种子保存 3~4 年仍可作为种用。低温贮藏（-4℃）库种子保存 10~15 年仍可作为种用。

第二章　荞麦绿色高效生产技术

第一节　概　述

荞麦属双子叶植物纲，石竹目，蓼科，荞麦属。

栽培荞麦有 4 个种，即甜荞、苦荞、翅荞和米荞。但生产上的主要栽培种是甜荞麦和苦荞麦。苦荞麦俗称苦荞，也称鞑靼荞麦；甜荞麦，别名甜荞、花荞、乌麦、三角麦等。荞麦生育期短，是传统的“救灾补种”作物。

世界上荞麦的主要生产国有原苏联的一些国家、中国、美国、加拿大和法国。我国是荞麦生产大国，居世界第二位，年平均播种面积为 100 万 hm^2，平均总产量 100 万 t。其中甜荞产区包括：内蒙古自治区、陕西、甘肃、宁夏回族自治区、山西等；我国苦荞种植面积和产量居世界第一，主产区是云南、贵州和四川等省，山西、陕西、湖南、重庆、湖北等地也有种植。由于自然条件、耕作制度的差异，我国荞麦栽培生态区可划分为四个大区，即北方春荞麦区、北方夏荞麦区、南方秋冬荞麦区和西南高原春秋荞麦区。

第二节　绿色高效生产技术

冀北地区有种植荞麦的历史，一般是农家品种零星种植，或以救荒作物形式存在。近年来张家口市农业科学院引进并试种了大量荞麦品种，生长表现良好，比本地品种单产大幅提高。要实现荞麦高产，应做到六个改变：改赖茬差地为好茬好地；改粗放耕作为精耕细作；改撒播为条播合理密植；改不施肥为科学施肥；改农家品种为优良品种；改只种不管为精细管理。

（一）甜荞高产栽培技术

1. 选种

选用优良品种是投资少、收效快、提高产量的首选措施，主栽品种选用经提纯复壮的地方品种和新育成品种。在河北坝下区域年积温稍高且位置偏南，选择抗逆性强、丰产性能好的中熟及中晚熟品种，能获得较高的产量；在坝上区域（年积温稍低）宜选用耐寒、耐瘠、早中熟高产的品种。

2. 选茬整地

（1）选茬。荞麦对土壤的适应性较强，只要气候适宜，任何土壤，包括不适合于其他禾谷类作物生长的瘠薄地、新垦地均可种植，但有机质丰富、结构良好、养分充足、保水力强、通气性好的土壤能增加荞麦的产量和品质。荞麦根系发育要求土壤有良好的结构、一定的孔隙度，以利于水分、养分和空气的贮存及微生物的繁殖。重黏土或黏土，结构紧密，通气性差，排水不良，遇雨或灌溉时土壤微粒急剧膨胀，水分不能下渗，气体不能交换，一旦水分蒸发，土壤又迅速干涸，易板结形成坚硬的表层，不利于荞麦出苗和根系发育；沙质土壤结构松散，保肥、保水能力差，养分含量低，也不利于荞麦生育；壤土有较强的保水保肥能力，排水良好，含磷、钾较高，适宜荞麦的生长，增产潜力较大。荞麦对酸性土壤有较强的忍耐力，碱性较强的土壤，荞麦生长受到抑制，经改良后方可种植。

轮作制度是农作制度的重要组成部分。轮作，也称换茬，是指同一地块上于一定年限内按一定顺序轮换种植不同种作物，以调节土壤肥力，防除病虫草害，实现作物高产稳产，“倒茬如上粪”说明了轮作的意义。连作导致作物产量和品质下降，更不利于土地的合理利用。荞麦对茬口选择不严格，无论在什么茬口上都可以生长，但忌连作。为获高产，在轮作中最好选择好茬口，比较好的茬口是豆类、马铃薯，一般安排在玉米、小麦、菜地茬口均可。

(2) 整地。甜荞根系发育弱，子叶大，顶土能力差，不易出土全苗，要求精细整地。整地质量差，易造成缺苗断垄、影响产量，抓好耕作整地这一环节是保证荞麦全苗的主要措施。前作收获后，应及时浅耕灭茬，然后深耕。如果时间允许，深耕最好在杂草出土后进行。

深耕是我国各地荞麦丰产栽培的一条重要经验和措施。深耕能熟化土壤，加厚熟土层，同时改善土壤中的水、肥、气、热状况，使甜荞根系活动范围扩大，吸收土壤中更多的水分和养分，提高土壤肥力，既有利于蓄水保墒和防止土壤水分蒸发，又有利于荞麦发芽、出苗和生长发育，同时可减轻病虫草对荞麦的危害。深耕改土效果明显，但深度要适宜，各地研究表明，荞麦地深耕以 20~25cm 为宜。在进行春、秋深耕时，力争早耕，深耕时间越早，接纳雨水就越多，土壤含水量就相应越高，而且熟化时间长，土壤养分的含量相应也高。

耙与耱是两种不同的整地工具和方法，都有破碎坷垃、疏松表土、平隙保墒的作用，黏土地耕翻后要耙，沙土壤耕后要耱。镇压是北方旱地耕作中的又一项重要整地技术，它可以减少土壤大孔隙，增加毛管空隙，促进毛管水分上升，同时可以在地面形成一层干土覆盖层，防止水分蒸发，达到蓄水保墒、保证播种质量的目的，镇压宜在沙壤上进行。

3. 施肥

甜荞是一种需肥较多的作物，对肥料反应十分敏感，要获得高产必须供给充足的肥料。研究表明，每生产 100kg 籽粒，需要从土壤中吸收纯氮 3.3kg、磷 1.5kg、钾 4.3kg，与其他作物相比，高于禾谷类作物、低于油料作物，氮磷钾吸收比例为 1：0.45：1.3。需施圈粪不少于 1 000kg/亩（1 亩≈667m^2。全书同），每亩配施磷肥 15kg、草木灰 80kg。荞麦吸收氮、磷、钾的比例和数量还与土壤质地、栽培条件、气候特点及收获时间有关，对于干旱瘠薄地和高寒山地，增施肥料，特别是增施氮、磷肥是甜荞丰产的基础。

施肥应掌握“基肥为主、种肥为辅、追肥为补，有机肥为主、无机肥为辅”的原则，施用量应根据地力基础、产量指标、肥料质量、种植密度、品种和当地气候特点科学掌握。

（1）基肥。甜荞播种之前，结合耕作整地施入土壤深层的肥料，也称底肥。充足的优质基肥，是甜荞高产的基础。基肥的作用主要包括：结合耕作创造深厚肥沃的土壤熟土层；促进根系发育，扩大根系吸收范围；基肥一般是营养全面、持续时间长的有机肥，利于甜荞稳健生长。基肥是荞麦的主要肥料，一般应占总施肥量的 50%~60%。荞麦生产常用的有机肥有粪肥、厩肥和土杂肥，腐熟不好的秸秆肥不宜在荞麦地施用。粪肥以圈粪为主，一般施用优质农家肥 1~2.5t/亩。荞麦田基肥的施用分为秋施、早春施和播前施。秋施在前作收获后，结合秋深耕施基肥，它可以促进肥料熟化分解，能蓄水、培肥、促进高产，效果最好。荞麦多种植在边远的高寒山区和旱薄地上，或作为填闲作物种植，农家有机肥一般满足不了荞麦基肥的需要，科学实验和生产实践表明，若结合一些无机肥作基肥，对提高荞麦产量大有好处。但需注意的是荞麦虽喜钾肥，但不能施用氯化钾，因氯离子会引发斑病而导致减产。可用碳铵、尿素等氮肥或磷酸二铵、硝酸磷肥等氮磷复合肥料与有机肥混合堆制后一起施入作基肥。或亩施过磷酸钙 20kg 和尿素 6kg 作底肥，既经济，增产效果又显著。

(2) 种肥。在播种时将肥料施于种子周围的一项措施，包括播前以肥拌籽、播种时溜肥或“种子包衣”等方法。种肥能弥补基肥的不足，满足荞麦生育初期对养分的需要，并能促进根系发育。传统的种肥是粪肥，随着荞麦科研的发展，用无机肥料作种肥成为荞麦高产的主要技术措施。常用作种肥的无机肥料有过磷酸钙、钙镁磷肥、磷酸二铵、硝酸铵和尿素等，栽培荞麦以 30kg/亩磷肥作种肥定为荞麦高产的主要技术指标。过磷酸钙、钙镁磷肥或磷酸二铵作种肥，一般可与荞麦种子搅拌混合使用，硝酸铵和尿素作种肥一般不能与种子直接接触，否则易“烧苗”，故用这些化肥作种肥时，要远离种子。

(3) 追肥。甜荞生育阶段不同，对营养元素的吸收积累也不同。现蕾开花后，需要大量的营养元素，此时进行适当追肥，对荞麦茎叶的生长、花蕾的分化发育、籽粒的形成具有重要意义。追肥还应视地力和苗情而定：地力差，基肥和种肥不足的，出苗后 20~25d，封垄前必须追肥；苗情长势健壮的可不追或少追；弱苗应早追苗肥。追肥一般宜用尿素等速效氮肥，用量不宜过多，以 5kg/亩左右为宜。无灌溉条件的地块追肥要选择在阴雨天气进行，此外，用硼、锰、锌、钼、铜等微量元素肥料作根外追肥，也有增产效果。

4. 合理密植

合理密植就是充分有效地利用光、水、气、热和养分，协调群体与个体之间的矛盾，在群体最大限度发展的前提下，保证个体健壮地生长发育，使单位面积上的株粒数和粒重得到最大限度的提高而获得高产。由此可见，甜荞的每亩苗数对株粒数和粒重影响较大，通过合理密植等栽培措施，协调各产量因素之间的关系，对提高产量有显著效果。

（1）播种量。播种量与荞麦产量直接相关，播种量太大，出苗太密，个体发育不良，单株产量很低，单位面积产量不能提高。反之，播种量太小，出苗太稀，个体发育良好，单株产量虽然很高，但单位面积株数少，产量同样不能提高。所以，根据地力、品种、播种期确立适宜的播种量，是确定荞麦合理群体结构的基础。

荞麦播种量是根据土壤肥力、品种、种子发芽率、播种方式和群体密度确定的。每 0.5kg 甜荞种子可出苗 1 万株左右，一般甜荞每亩播种量 2.5~3kg。在北方春荞麦区，甜荞生育期相对较长，个体发育充分，一般每亩留苗以 2.5 万株为宜，最多不能超过 7.5 万株。

（2）土壤肥力。土壤肥力影响荞麦分枝、株高、节数、花序数、小花数和粒数。肥沃地荞麦产量主要靠分枝，瘠薄地主要靠主茎。一般参照中肥地密度指标，肥地适当减密度，瘦地适当加大密度。

（3）播种期。同一品种的生育日数因播种期而有很大的差异，其营养体和主要经济性状也随着生育日数而变化，北方春荞麦播种期不宜太早，否则将促进植株的营养生长，反而降低了结实率，一般以 5 月下旬至 6 月上旬为宜。

（4）品种。不同的荞麦品种，其生长特点、营养体的大小和分枝能力、结实率有很大差别。一般生育期长的晚熟品种营养体大、分枝能力强，留苗要稀；生育期短的早熟品种则营养体小、分枝能力弱，留苗要稠。

5. 播种

荞麦是带子叶出土的，播种不宜太深，种深了难以出苗，播种浅了又易风干。因而，播种深度是全苗的关键措施。为了保证顺利出苗，一般以3~4cm为宜，在沙质土和干旱区可以稍微深些，但不要超过6cm。掌握播种深度的几条原则如下：一要依据土壤水分，土壤水分充足时要浅点，土壤水分欠缺时要深点；二要依据播种季节，春荞宜深些，夏荞稍浅些；三要依据土质，沙质土和旱地可适当深一些，黏土地则要稍浅些；四要依据播种地区，在干旱风多地区，不仅要重视播后覆土，还要视墒情适当镇压，在土质黏重遇雨后易板结地区，播后遇雨，可用耙来破除板结；五要依据品种类型，不同品种的顶土能力各异。

(1) 适时播种。适时播种是甜荞获得高产成败的关键措施，播种早晚都会影响荞麦的产量。我国荞麦一年四季都有播种：春播、夏播、秋播和冬播，也称春荞、夏荞、秋荞、冬荞。北方旱作区及一年一作的高寒山地多春播；黄河流域冬麦区多夏播；长江以南及沿海的华中、华南地区多秋播；亚热带地区多冬播；西南高原地区春播或秋播。各产区具体适宜播期应根据品种的熟性（生育期）、当地无霜期及大于10℃的有效积温数，使荞麦盛花期避开当地的高温（>26℃）期，同时保证霜前成熟为基本原则。如内蒙古阴山以北丘陵地区、河北坝上，是我国早熟春甜荞产区，适宜播期为5月下旬至6月上旬；甘肃陇东、陕西渭北及黄河沿岸地区和山西中南部的小麦及其他作物收获较早地区，一般在7月中旬播种；阿坝州低海拔地区在7月播种荞麦，半高山地区可在4月中旬到6月底播种；云南、贵州的荞麦主要在1 700m以下的低海拔地区种植，一般在8月上中旬播种；云南西南部平坝地区、广西壮族自治区、广东和海南一些地方是冬荞，一般在10月下旬至11月上中旬播种。西南高寒山区，甜荞的适宜播种期为4月中下旬至5月上旬。

（2）种子处理。甜荞高产不仅要有优良品种，而且要选用高质量、成熟饱满的新种子。播种前的种子处理，对于提高荞麦种子质量以及全苗、壮苗奠定丰产作用很大。荞麦种子处理主要有晒种、选种、浸种和药剂拌种几种方法。

a. 晒种。晒种可改善种皮的透气性和透水性，促进种子成熟，提高酶的活力，增强种子的生活力和发芽力，提高种子的发芽势和发芽率。阳光中的紫外线可杀死一部分附着在种子表面的病菌，在一定程度上可减轻病害的发生。选择播种前7~10d 的晴朗天气，将荞麦种子薄薄地摊在向阳干燥的地上或席上，晒种时间应根据气温的高低而定，气温较高时晒 1 天即可。

b. 选种。目的是剔除秕粒、破粒、草籽和杂质，选用大而饱满、整齐一致的种子，提高种子的发芽率和发芽势。大而饱满的种子含养分多、生活力强，生根快，出苗快，幼苗健壮。荞麦选种方法有风选、水选、筛选、机选和粒选等。利用种子清选机同时清选几个品种时，一定要注意清理清选机，防止种子的机械混杂。

c. 温汤浸种。有增强种子发芽力的作用，用 35~40℃ 温水浸 10~15min 效果良好，能提早成熟。用其他一些溶液：钼酸铵（0.005%）、高锰酸钾（0.1%）、硼砂（0.03%）、硫酸镁（0.05%）、溴化钾（3%）浸种也可促进甜荞幼苗的生长和产量的提高。

d. 药剂拌种。是防治地下害虫和甜荞病害极其有效的措施。药剂拌种是在晒种和选种之后，用种子量 0.5%~0.1%的五氯硝基苯粉剂拌种，防止疫病、凋萎病和灰腐病。也可用辛硫磷乳油拌种，可防治蝼蛄、蛴螬、金针虫等地下害虫。

（3）播种方法。我国荞麦种植区域广泛，产地的地形、土质、种植制度和耕作栽培水平差异很大，故播种方法也各不相同，主要有条播、点播和撒播等。

a. 条播。主要是畜力牵引的耧播和犁播。根据地力和品种的分枝习性分窄行条播和宽行条播，条播以 167~200cm 开厢，播幅 13~17cm，空行 17~20cm。条播的优点是深浅一致，落籽均匀，出苗整齐，在春旱严重、墒情较差时，可探墒播种，适时播种，保证全苗。条播还便于中耕除草和追肥的田间管理。条播以南北垄为好。

b. 点播。采取锄开穴、人工点籽，这种方式除人工点籽不易控制播种量外，每亩的穴数也不易掌握，营养面积利用不均匀，还比较费工。应以 167~200cm 开厢，行距 27~30cm，窝距 17~20cm，每窝下种 8~10 粒种子，待出苗后留苗 5~7 株。

c. 开厢匀播。厢宽 150~200cm，厢沟深 20cm、宽 33cm，播种均匀，亩播饱满种子 3kg。

d. 撒播。在一些地区小麦收获后，先耕地随后撒种子，再耙平。由于撒播无株行距之分，密度难以控制，田间群体结构不合理，密处成一堆，稀处不见苗。田间管理困难，单产较低。

撒播因撒籽不匀，出苗不整齐，通风透光不良，田间管理不便，故而产量不高。点播过于费工。条播播种质量高，有利于合理密植和群体与个体的协调发育，从而得以使荞麦产量提高。因此，条播是甜荞产区普遍使用的播种方式。

6. 田间管理

针对甜荞生产中的关键技术，采用科学的管理措施，以保证荞麦高产、稳产。

(1) 苗期管理。除了在播种前做好整地保墒、防治地下害虫的工作外，甜荞播种后也要采取积极的保苗措施。播种时遇干旱要及时镇压，踏实土壤，减少空隙，使土壤耕作层上虚下实，以利于地下水上升和种子的发芽出苗。播后遇雨或土壤含水量高时，会造成地表板结，荞麦子叶大，顶土能力差，地面板结将影响出苗，可用耙破除板结，疏松地表，以利于出苗。破除地表板结要注意，在雨后地表稍干时浅耙，以不损伤幼苗为度。在低洼地荞麦播种前后应做好田间的排水工作。水分过多对荞麦生长不利，特别是苗期。

（2）中耕除草。中耕有疏松土壤、增加土壤通透性、蓄水保墒、提高地温、促进幼苗生长的作用，也有除草增肥的效果。根据资料，中耕一次能提高土壤含水量0.12%~0.38%，中耕两次能提高土壤含水量1.23%，能明显地促进荞麦个体发育。中耕除草1~2次比不中耕的荞麦单株分枝数增加0.49~1.06个，粒数增加16.81~26.08粒，粒重增加0.49%~0.8%，增产38.46%。

所以中耕除草是农业生产上的一项“清洁”工程，它起到了节肥、节水以及增光的作用，中耕同时进行疏苗、间苗，去掉弱苗、多余苗，从而达到增产的目的。中耕除草次数和时间根据地区、土壤、苗情及杂草多少而定。第一次中耕除草在幼苗高6~7cm时结合间苗、疏苗进行；第二次中耕在荞麦封垄前，结合追肥培土进行，中耕深度3~5cm。

（3）灌溉浇水。甜荞是典型的旱作作物，但其生育过程中的抗旱能力较弱，需水较多，以开花灌浆期为需水关键期。我国春荞麦多种植在旱坡地，缺乏灌溉条件，荞麦生长依赖于自然降水。夏荞麦区有灌溉条件的地区，荞麦开花灌浆期如遇干旱，应灌水满足荞麦的需水要求，以保证提高荞麦的高产。

（4）花期管理。甜荞是异花授粉作物，又为两性花，结实率一般较低，只有6%~10%，这是产量较低的主要原因。提高甜荞结实率的方法是创造授粉条件，进行辅助授粉。

甜荞是虫媒花作物，蜜蜂等昆虫能提高甜荞授粉结实率。

据内蒙古农业科学院对蜜蜂、昆虫传粉与荞麦产量关系的研究表明，在相同条件下昆虫传粉能使单株粒数增加37.84%～81.98%，产量增加83.3%～205.6%。故在荞麦田养蜂、放蜂，既有利于提高荞麦结实率、株粒数、粒重及产量，又利于养蜂事业的发展，有条件的地方应大力提倡。蜜蜂辅助授粉在荞麦盛花期进行，荞麦开花前2～3d，每亩荞麦田安放蜜蜂1～3箱。

在没有放蜂条件的地方采用人工辅助授粉方法，也可提高荞麦产量。人工辅助授粉应在甜荞的盛花期，每隔2～3d，于9—11时，以牵绳赶花或长棒赶花为好，辅助授粉使植株相互接触、相互授粉，但要避免损坏花器，而且在露水大、雨天或清晨雄蕊未开放前或傍晚时，都不宜进行人工辅助授粉。

（5）适时收获。荞麦花期较长，种子成熟极不一致，成熟的籽粒易脱落，要及时收获。当大部分植株2/3籽粒呈褐色时即为收获适期，可于上午露水未干时收获，以减少落粒损失。

（二）苦荞丰产栽培技术

1. 地块选择

苦荞麦对土壤的适应性比较强，只要气候适宜，任何土壤，包括不适于其他禾谷类作物生长的瘠薄地、新垦地均可种植，而有机质丰富、结构良好、营养充足、保水力强、通气性良好的土壤更适宜种植荞麦。苦荞麦喜湿，有水浇条件、排灌方便的农田能提高苦荞的产量。

2. 选用优良荞麦品种

实际生产中的苦荞品种还存在一些问题，如品种的混杂、退化现象严重，这些问题制约了产量的提高。经过育种工作者的努力，近年来育成了西荞一号、九江苦荞、川荞一号等优良品种，具有抗逆性强、高产、优质等特点。

播种前用0.3%的硼砂水溶液浸种，均可增产16%以上。此外，因荞麦种子寿命很短，发芽率每隔一年平均递减35.5%，应选用新而饱满的种子。

3. 精耕细耙

实践表明，每亩产量在150kg以上的，耕作层均在30cm以上。一般苦荞地耕作层过浅，会影响根系的生长。整地要在前茬作物收获后进行深耕并细耙整平土壤，可提高土壤的蓄水保墒能力，这样可以增加熟土层，提高土壤肥力，有利于蓄水保墒和防止水分蒸发，为根系营养生长和植株发育创造良好的条件，有明显的增产效果，也有减轻病虫危害的作用。

4. 施足基肥，看苗追肥

苦荞生育期短，花期长，需养分多。有研究表明，生产100kg籽粒，需要从土壤中吸取氮3.5kg、五氧化二磷1.5kg、氧化钾4.3kg。苦荞生长的主要营养来源是基肥，占总施肥量的50%~60%。无机肥结合有机肥作基肥，可以显著提高苦荞产量。

播时每亩用腐熟农家肥500kg作基肥，用50kg草木灰、8kg过磷酸钙混合作盖种肥，苗期追肥用5~8kg尿素，初花期用1%硼砂水溶液叶面喷施，能显著提高结实率。

5. 适时播种，合理密植

苦荞麦喜冷湿的气候，苗期宜在温暖的气候中生长，而处于开花结实期时，昼夜温差较大、天气凉爽更为有利。若生育期遇高温、干燥会导致苦荞减产。冀西北坝上地区苦荞5月下旬播种为宜，播种过晚会遭受霜冻。

播种方式应改传统的撒播为开厢条播或机械点播，一般苦荞每0.5kg种子出苗1.5万株左右，因此，每亩用种量4~

5kg，总苗控制在12万~15万株/亩。

6. 加强田间管理

苦荞生长快，现蕾封行早。幼苗2~4片真叶时，要及时间苗、定苗，淘汰弱苗，并及时追肥，中耕除草。现蕾期进行第2次中耕除草，并适当培土护根防倒伏。

苦荞为自花授粉作物，花数可达1 500~3 000朵，结实率在40%~60%，在肥水条件好的地区，花期应采取限制其无限生长的措施，促进干物质积累，提高单株粒重，获得优质高产。

第三节 病虫害绿色防控

（一）荞麦轮纹病

1. 荞麦轮纹病的症状

主要侵害叶片和茎秆。叶片染病着生圆形或近圆形红褐色斑，有同心轮纹，后期病部中央生有小黑粒点（分生孢子器），严重时叶片变褐枯死。茎秆染病产生梭形或椭圆形红褐色病斑，后病斑变为黑色，上生有黑褐色小点。

2. 荞麦轮纹病的防治措施

（1）农业防治。清除或烧毁病残体及枯枝落叶，减少越冬菌源；实行轮作倒茬，减少植株发病率；将种子在冷水中预浸4h，再在50℃温水中浸泡5min，捞出后晾干播种。

（2）化学防治。在播种前，选用多菌灵等拌种剂拌种。也可在发病初期，交替选用50%腐霉利可湿性粉剂1 500~2 000倍液、80%代森锰锌可湿性粉剂500~800倍液、36%甲基硫菌灵（甲基托布津）悬浮剂600倍液、65%代森锌（培金）可湿性粉剂600~800倍液、50%多菌灵可湿性粉剂800

倍液喷雾。

（二）荞麦叶斑病（荞麦褐纹病）

1. 荞麦叶斑病的症状

主要侵害叶片。初期在叶面形成圆形至椭圆形红褐色斑点，后中间变为灰色，病斑外围红褐色。湿度大时叶背生有灰色霉状物（子实体）。

2. 荞麦叶斑病的防治措施

（1）农业防治。耕翻晒田，加速病菌分解，减少病源；增施磷、钾肥，提高植株抗病能力；清除杂草，培育壮苗，提高抗病能力；及时排水，降低田间湿度，减轻受害；清除田间病残体，减少病源，减轻发病。

（2）化学防治。在播种前，用种子量5‰的2%戊唑醇（立克秀）干粉种衣剂进行拌种。也可在发病初期，交替选用36%甲基硫菌灵悬浮剂600倍液、50%多菌灵可湿性粉剂800倍液、50%腐霉利（速克灵）可湿性粉剂1 000倍液喷雾。

第四节　收　获

荞麦收获后，含水率较高，应降至13%以下。贮藏中应注意以下4点：

（1）雨、露、水湿荞麦籽粒的处理。雨、露、水湿荞麦籽粒的呼吸作用较强，附着的微生物亦多，容易发热和霉变。遭到雨淋、含水量在13%以上的荞麦籽粒，在气温较高的夏季，即使袋装单批堆放，经常通风，也会变质。为保管好雨湿荞麦籽粒，最好进行晾晒或烘干。烘晒和烘干不仅能降低水分，同时还能杀菌。

（2）发热的处理。发现荞麦籽粒温度失常后，不论是因后熟作用还是含水率高所引起，均应立即处理，以减轻变质或避免变质。处理方法最好是晒干或烘干。如无条件及时晾晒或烘干，应立即摊晾，降低麦温，散失水分。

（3）霉变的处理。荞麦霉变后，品质降低，气味变劣。极少量霉变荞麦籽粒混入正常荞麦中，能使全部荞麦的加工产品带有异味。所以霉变后的荞麦，即使为数不多，亦应立即进行晾晒或烘干，单独存放，另作处理。绝不能混入正常荞麦中，因小失大。

（4）仓虫的防治。防治仓虫的发生和繁殖，清理仓房、杜绝虫源进行预防。荞麦含水量与仓虫滋生关系甚密。防止荞麦生虫，最好是收后晾晒彻底，防仓虫发生。荞麦生虫后，夏季“晒热入仓”、冬季低温冷冻杀虫也有效果。在条件许可地区，可用熏蒸剂杀虫。

第三章　莜麦绿色高效生产技术

第一节　概　述

莜麦为一年生草本植物，在植物学分类系统中属禾本科（Cramineae），燕麦属（*A. vena*）。燕麦属有燕麦、莜麦、野燕麦 3 个种，按外稃性状特征又将燕麦分为皮燕麦（有稃型）和莜麦（裸粒型）两大类，俗称皮燕麦和裸燕麦。世界其他国家栽培的燕麦以皮燕麦为主，绝大多数用家畜家禽的饲料。中国栽培的燕麦以莜麦为主，籽实作为粮食食用，茎叶则用作牲畜的饲草，因此，莜麦是一种粮草兼用型作物。

莜麦作为上等杂粮，性喜冷凉、湿润的气候条件，适宜在气温低、无霜期短、日照充足的条件下生长，是一种长日照、短生育期、要求积温较低的作物，集中产于宁夏南部山区中高山地带。莜麦根系发达，吸收能力较强，比较耐旱，对土壤的要求也不严格，能适应多种不良自然条件，即使在旱坡、干梁、沼泽和盐碱地上，也能获得较好的收成。其生长期与小麦大致相同，但适应性甚强，耐寒、耐旱、喜日照。因其单产低，在其他一些地区已不多种。但一些山区自然环境极宜莜麦的生长，因而山区农民一直都有种植莜麦的习惯。所产的莜麦，质量特优。

第二节　绿色高效生产技术

一、轮作倒茬

莜麦属须根系作物，一般只吸收耕作层养分，因而不太费地，茬口好，便于与小麦、玉米、谷子、马铃薯、胡麻、豆类、糜黍等作物轮作倒茬。在宁夏莜麦区，很早就有麦豆轮作的习惯，群众中历来有“豌豆茬是莜麦窖”的说法。增产的主要原因是豌豆根部有根瘤菌，可以把空气中的天然氮素固定到根瘤之中，增加土壤中的氮素；枯枝落叶还能增加土壤中有机质。豌豆又是夏季作物，收获早，土壤可蓄积较多的水分。此外，马铃薯茬也是莜麦的较好前茬。

莜麦同其他多数作物一样，不宜连作。长期连作：一是病害多，特别是坚黑穗病，条件适宜的年份往往会造成蔓延，严重时发病率可达15%以上；二是杂草多，因莜麦幼苗生长缓慢，极易被杂草危害，特别是使野生燕麦增多，严重影响莜麦生长；三是不能充分利用养分。莜麦连作，每年消耗同类养分，造成土壤里某些养分严重缺乏。莜麦是一种喜氮作物，需要较多氮素，如果长年连作，造成氮素严重缺乏，就会使莜麦生长不良。在水肥不足的情况下，影响就更大。因此，种植莜麦必须进行合理的轮作倒茬，这样不仅使病菌和燕麦草生长的环境条件改变，便于铲除和控制其发生，而且由于前茬作物品种不同和根系深浅所吸收的养分不同，可以调节土壤中的养分，做到余缺调剂，各取所需。这正是群众说的“倒茬如上粪”的道理所在。如果在轮作倒茬的同时，再配合施肥和耕耙等措施，就会进一步使地力得到恢复。

宁夏莜麦种植区，一般人少地多，年降水量偏少，多数又无良好灌溉条件，为了恢复土壤肥力，应采用草田轮作的办法，其主要方式有两种：草田—莜麦—豆类或马铃薯—莜麦—草田。或者是：草田—胡麻—豆类或马铃薯—莜麦—草田。另外，除选用抗病品种外，建立无病品种基地及实行“豌豆—小麦—马铃薯—莜麦—胡麻—豌豆”5 年轮作制度，是防治坚黑穗病发生的有效措施。

二、整地与施肥

（一）深耕施肥

秋深耕是莜麦产区抗旱增产的一项基础作业。前作收获早，应进行浅耕灭茬并及早进行秋深耕。如前茬收获较晚，为了保蓄水分，可不先灭茬而直接进行深耕，并随即耙耱保墒。

秋耕的好处：一是蓄水保墒。秋耕就等于在地里修了许许多多“小水库”和“肥料库”。因为宁夏莜麦区上冻前仍有一定的雨量，如及时深耕，不仅能疏松土壤，使土壤早休闲，利于恢复地力，把已有的水分保存下来，而且还能把上冻前后的雨雪积存下来，蓄墒过冬。二是利于改良土壤。秋季深耕结合施用高质农家肥料，经过一段较长时间的腐熟，土壤中的微生物和菌类的活动作用促进了土壤熟化，改良了土壤团粒结构，提高了土壤的肥力。三是利于促全苗。秋耕施肥，地整得细，土壤墒情好，比边耕边种好促苗。植物根系有趋肥向水性，秋耕施肥较深，利于早扎根、深扎根、长壮根。

总之，秋耕施肥是抗旱的重要措施之一。本区莜麦产地多为高寒山坡，水源奇缺，莜麦多在旱地种植，改春耕为秋耕，耕地时间比过去提早，耕翻深度由过去的 10～13cm 加深到 23～25cm，是获得增产的主要措施。

为了保蓄水分，春耕深度应以不超过播种深度为宜。研究结果表明，应早应细，随收随耕，浅耕灭茬，结合施肥秋季深耕，春季需要浅翻。如果春天深翻容易跑墒，影响出苗。

秋耕施肥技术：前作物收获后，应当先进行浅耕灭茬。经过耙耱，清除根茬，消灭坷垃，准备施肥。施足底肥对莜麦增产极为重要。每亩施用混合高质农家肥料2 500kg，而且要施足施匀。较大的粪块要打碎打细。为了保证在短时间完成全部莜麦地的秋施肥任务，应有计划地做好各项准备工作，并在秋收之前将肥料运到地头，做到边收、边灭茬、边施肥、边秋耕，达到速度快、质量高，改良土壤的理化性状，提高土壤的蓄保墒能力。

莜麦是须根系作物，85%以上的根系分布在 20~30cm 的耕作层里。因此，莜麦深翻的深度应超过根系分布的深度。莜麦深耕还要根据土壤性质和土壤结构来确定。一般来说，黏土和壤土要深，沙土地和漏水地要浅。并注意不要因深耕打乱活土层。土地深耕后，要精细地做好耙耱和平田整地工作。尤其机耕后留下的犁沟和耕不到的地头，要及时进行补耕平整，否则，不易促全苗。

秋耕施肥后，上冻前耙耱与否，要因地制宜，针对不同情况决定。一般来说应该耙耱。尤其是二阴下湿地因土质黏、坷垃多，要耙耱结合。而坡梁地因土质松散，应以耱为主。秋耕耙耱后，到春天坷垃少。特别是在一些高原地区沙多土层薄的情况下，应当多耙多耱。也有的地区为促进土壤熟化，保留积雪，耕后不耙不耱，第二年春天及早顶凌耙耱。有的秋耕地后，第二年春天不再耕翻，播种前，只用犁串地 6~8cm。串地的作用是为了活土除草，提高地温，减少水分蒸发，并结合施入浅层底肥。串地后经 1~2 次耱地，即可播种。在春季十分干旱的情况下，一般只采取耱地，不再串地。但什么事情也都不是一成不变的，而应灵活掌握，因地制宜，如果个别年份，春播时土壤过湿，就得耕翻晾墒。

秋耕施肥即便在夏莜麦区时间充足，也是越早越好。由于庄稼刚收后，土壤湿润，及早深耕阻力小，耕得快，耕得细、质量高、保墒好。若因前茬收获过晚，来不及秋耕的，在春季播种前进行春耕时，为减少土壤水分损失，可只进行浅耕耙耱，相随播种较为有利。

新开垦荒地和休闲地，因杂草多，耕后土块大，为保证耕作质量，耕翻时期以伏雨前为宜，耕地深度以能将草层埋到犁沟底部为佳。耕后要进行耙耱除草工作，使土壤上虚下实、保蓄水分，为种子发芽创造良好的条件。

（二）整地保墒

秋耕以后，进入严寒的冬季，土壤自上而下冻结。上层冻结后，温度比较低，受温差梯度影响，下层水分通过毛细管向上移动，以水汽形式扩散在冻层孔隙里，凝成冰屑。这就是春季土壤返浆水的主要来源，也是三九天滚压和顶凌耙地保墒好的主要依据。土继返浆以后，尤其是接近春末夏初之交，气温升高，土壤干燥，土壤中水分运动形式改变，由原来的毛细管蒸发为主，转变为气态扩散为主，不再完全受毛细管作用的影响。此时单纯耙耱已经不能很好地控制土壤中水分的扩散，需要和镇压提墒紧密结合。根据这一自然规律，应把秋耕、施肥、蓄墒和三九天滚压、春季整地保墒工作结合起来，形成一套完整的旱地整地技术来加以运用。

耙耱保墒。经过耙耱的土地，切断了土壤毛细管，消灭坷垃，弥合裂缝，可以减少水分的蒸发。特别是顶凌耙地，可使土壤保持充足的水分，保墒的效果更好。耙耱多次比耙耱一次的地块，干土层减少 10cm 左右，土壤含水量提高 4.2%左右。

早犁塌墒。有的地方土地刚解冻就行浅耕，并结合施肥，即把沤好的农家肥料和一部分氮、磷肥均匀撒开，而后浅耕，深度 10cm 左右。有的在播前 7～15d 浅耕、细耕，耕后耱平。

试验结果证明，同样一块地，都经过了秋耕施肥，而春天串地的时间早晚不同，那么土壤含水量、地温、小苗长势都有明显的差别。春季早耕比晚耕土壤含水量高，地温适宜，控制了茎叶生长，有效地促进了根系发育，起到了蹲苗壮苗的作用。

镇压提墒。串地后气温升高，正是春旱发生的时期。土壤水分以气态形式扩散，土壤中的含水量迅速下降，这时候单纯耙耱就不行了，必须耙耱结合镇压，碾碎坷垃，减少土壤空隙，减轻气态水的扩散。镇压同时还能加强毛细管作用，把土壤下层水分提升到耕作层，增加耕作层的土壤水分。镇压后耙耱，切断土壤表面的毛细管，使水分保存下来。

镇压有两种方治：一种是石磙镇压；另一种是打坷垃。经过普遍的拍打，使表土踏实。镇压过的土壤容重由 1.12g/cm^3 提高到 1.17g/cm^3。干土层减少，土壤耕作层含水量提高。镇压后土壤温度也稍有提高，10cm 土层内硝态氮有增加趋势。经过耙耱镇压，地面平整，播种层深浅基本一致，可使出苗早、出苗齐、扎根快、小苗壮。

镇压的先后，要根据土质和干旱程度来决定。一般是压干不压湿，先压沙土，再压壤土，后压黏土。对于跑墒严重、土坷垃多、整地粗糙的地块，尤其要搞镇压和打坷垃。整地保墒也要根据不同情况灵活掌握。耙耱和镇压次数要因地制宜。干旱严重，要多耙、多耱、重镇压。如果雨多地湿和二指下为湿地，不但不能镇压和耙耱，还得耕翻晾墒。一般情况下，秋耕施肥地在春天只犁串一遍，多耙多耱，打碎坷垃，即可播种。经过秋耕施肥和春耕保墒整地，莜麦地达到无坷垃、无根茬、土地平整细碎、上虚下实，即使一春无雨，地表二指深处的土壤仍是湿漉漉的，就可以保住全苗。

对于干旱地区的精细整地。经过以上秋冬春连续作业之后，一般地块墒土都比较好，为播种工作打好了基础。

（三）施肥技术

莜麦根系比较发达，有较强的吸收能力，增施肥料，并施用质量较高的有机肥料是确保莜麦苗壮、秆粗、叶绿、穗大、粒多、粒饱及增产效果明显的主要措施。许多莜麦的高产田一般莜麦地都用大量的农家肥料作底肥。施肥要施底肥、浅层肥、种肥、追肥。要实行农家肥为主，化肥为辅；基肥为主，追肥为辅，分期分层的科学施肥方法。

1. 施足底肥

农家肥料作底肥，不仅有后劲，肥效持久，而且可以使土壤形成团粒结构，使土壤疏松、透气，有利于土壤中微生物的活动。有条件每亩混施磷肥 25~50kg。第二年春播前再亩施 750~1 000kg 土羊粪（或猪粪）作浅层底肥效果更佳。

2. 科学施肥

多施肥、施好肥固然可以增产，但如果加上科学施肥，增产的效果会更大。莜麦需要“三要素”的数量，以亩产 200kg 计算，每亩需要可吸收的氮 6kg、磷 2kg、钾 5kg。多年来，广大群众在莜麦科学施肥上积累了丰富的经验。例如，将多种肥料混合在一起，制成混合肥施用；背阴和冷性地增施骡马粪、羊粪等热性肥料；沙地多施土粪、猪粪等凉性肥料；高寒地区为了提高地温，可大量施用炕土、羊粪、骡马粪作基肥。

为了提高肥效，要提倡集中施肥。肥多的地方，可结合秋耕或春耕施足底肥。地多肥少的地方，为使肥料充分发挥作用，可采用沟施办法，把肥料集中施于播种行内。还可以施用细碎腐熟的饼肥、畜禽粪，播种时采取一把肥料几颗籽的办法。尤其在条件较差的旱地，要坚持以种肥为主。山西省高寒作物研究所施硝酸铵作种肥的试验结果证明，1kg 种肥平均可增产 6. 1kg 莜麦，比不施用农家肥的莜麦增产 16. 5%。

各种肥料要充分沤制腐熟。磷肥作底肥，要在施用前和农家肥混合沤制。如果直接施用，易在土壤中固定，不便于莜麦吸收。在施足底肥的基础上，莜麦分蘖阶段和拔节后、抽穗前，还应追一两次化肥（尿素），以保证莜麦一生不缺肥。

目前，莜麦地块的施肥水平普遍很低，甚至有相当数量的莜麦地基本上不施肥。这些地方如果做到大粪滚籽，消灭了白茬下籽，莜麦就会有较大幅度的增产。

三、播种技术

播种是莜麦栽培技术中的重要一环。搞好播种，是获得莜麦高产的重要措施，因此，必须精益求精，认真抓好。

（一）选种

不管哪种作物，播前对种子做进一步的精选和处理，都是提高种子质量、保证苗全苗壮的措施之一。“母壮儿肥”“好种出好苗”就是选种道理。莜麦的选种更为重要。因为莜麦是圆锥花序，小穗与小穗间、粒与粒间的发育不均衡，小穗以顶部小穗发育最好，粒以小穗基部发育最好，所以，应通过风选或筛选选出粒大而饱满的种子供播种使用。

（二）晒种

晒种的目的，一是促进种子后熟作用，二是利用阳光中紫外线杀死附着在种子表皮上的病菌，减少菌源，减轻病害。种子经过冬季库存，温度较低，通过晒种，能使种子内部发热变化，促进早发芽，提高发芽率，因此，晒种是一项经济有效的增产措施。晒种方法很简便，按群众的经验，播种前几天，选择晴天无风，将种子摊在席子上晒 4~5d，即可提高莜麦种子的活力，提早出苗 3~4d。

（三）发芽试验

莜麦是较耐贮藏的一个品种，保存多年后，仍可发芽，一般地讲，头年收获的莜麦可不做发芽试验。但是，如果收获时遇雨或贮藏条件不好，因潮湿而发生变质现象，就应做发芽试验。假如是从外地引进的种子，都应该在播种前做发芽试验。发芽率在90%以下，则要适当增加播种量。发芽率在50%以下者，不宜做种子。

（四）拌种

莜麦坚黑穗病近年又有回升，且很普遍，因此，必须大力推广药剂拌种，拌种药剂是0.3%的菲醌或拌种双。同时用辛硫磷等拌上煮制的毒谷或毒土随种播入土壤，防治地下害虫。

（五）播期

选择适宜播期，充分利用自然条件，是目前夺取莜麦高产的一项重要措施。在莜麦一生的生长发育中，主要的是播种、分蘖、拔节、抽穗和成熟5个时期，而播种期又是高产的前提和基础。俗话说："见苗一半收。"说明播种不仅影响着苗全苗旺，同时对以后的4个时期也起着决定性的作用。

莜麦是喜凉怕热作物。莜麦播期的选择和确定，都必须自始至终考虑到"喜凉怕热"这一特点。就是说，不仅要考虑到播种期是否符合这一特点，而且更重要的还要考虑到以后的各生育阶段是否也适应这一特点。凡符合这一特点的就是适宜播期，否则就不是适宜播期。

根据这一自然特点和群众多年来的实践经验，宁夏莜麦区的适宜播期，一般应在春分到清明前后，最迟不宜超过谷雨。

（六）合理密植和播种方式

合理密植就是根据气候特点、品种类型、种植方式、耕作措施等条件，创造一个合理的群体结构。在正常的情况下，同一个莜麦品种，其籽粒和秸秆都保持着一定的比例。如果是粒多秸少，说明是稀植了；如果是粒少秸多，说明是密度过大了。只有在莜麦的籽粒和秸秆达到合理的比例时，密度才比较合理。一般来说，二者如达到 1∶1，即单位面积收获的籽粒产量和秸秆产量相同时，反映出的密度比较合理。在这一原则指导下，确定具体的播种量时，又必须根据不同的耕作条件来确定。一般在高水肥土地，播量应为 127.5～142.5kg/hm^2。中水肥地田播量为 112.5～127.5kg/hm^2，旱薄地播量为 90kg/hm^{2}左右。另外，在推迟播种的情况下，播量要适当增加 30～45kg/hm^2。

播种方式目前大体可分为耧播、犁播和机播。耧播主要适用于坡地和沙性大的土壤，它具有深浅一致、抗旱保墒、省工、方便的优点，适宜在大片地、小块地、山地、凹地、梯田等各种地形上播种。犁播有撒种均匀、播幅宽、便于集中施肥等优点。机播既有耧播的优点又有犁播的优点，而且速度快、质量好。播前一定要查墒验墒，根据不同土壤和地形的墒情状况，确定播种顺序和播种方式。

一般播种深度 3cm，黑钙土和半干旱区 4～5cm，如果特别干旱时可种到 5～6cm。

（七）播后砘压

莜麦无论采用任何方式播种，在土壤干旱情况下，播后均需砘压。作用不仅在于使土壤与种子密切结合，防止漏风闪芽，而且便于土壤水分上升，有利发芽出苗。滩地和缓坡地随播随砘压。坡梁地因受地形限制，一般情况下砘压要比耱地有利于获得全苗壮苗。

四、田间管理

农谚说：“三分种，七分管”。只有在种好的基础上，认真加强莜麦的田间管理，才能达到苗壮、秆粗、穗大的目的。莜麦的田间管理主要分为三个阶段，即苗期管理、分蘖抽穗期管理和开花成熟期管理。

（一）苗期管理

莜麦苗期的生育特点。莜麦从出苗到拔节为苗期。其生育特点是，莜麦播种后到出苗前，种子萌发与幼芽生长，全靠胚乳贮藏的养分供给。这一阶段需水很少，只要有黄墒土即可出苗。所需要的空气（氧气）和温度，一般均可满足供给。此时只要认真做好精细整地，种后耱平、破除板结、预防卷黄，即可保证全苗。出苗后到分蘖前，主要是生长根系，根系数和根重增加较快，而茎叶生长较慢。如果苗期根系没有扎好，拔节后地上部分猛长，根系生长就要受到影响，这个损失就很难弥补。所以“壮苗”和“麦要胎里富”的实质，就在于积极促进地下根系生长，适当控制地上部分的生长，达到根旺苗壮。所以说“上控下促”，这是苗期管理的主要目的。

高产莜麦苗期的长势长相。根据实践和多年观察，高产莜麦苗期长相，应当是满垄、苗全、生长整齐、植株短粗茁壮。单株的长势是秆圆、叶绿、根深。

苗期的田间管理措施。莜麦苗期田间管理的中心任务是保全苗、促壮苗。为使小苗墩实茁壮，在播种之前就要做到整地精细，科学施肥和种子处理等，为壮苗打下基础。在此情况下，要及早加强苗期的田间管理。莜麦苗期田间管理的主要措施是早锄、浅锄。一般莜麦区，春季干旱，莜麦生长缓慢，杂草极易混生，第一次中耕锄草不仅能松土除草，提高地温，切断土壤表层毛细管，减少水分蒸发，达到防旱保墒，而且能调节土壤中水分、温度和空气的矛盾，促进根系发育，早扎根、快扎次生根，形成发达的根系，加强根系吸水与新陈代谢的作用。尤其是二阴地和下湿盐碱地，第一次中耕锄草有提温通风、切断毛细管、防止盐碱上升发生锈苗的作用。

在具体应用上是干锄浅、湿锄深。即在干旱情况下浅锄，切断毛细管，保墒防旱，达到干锄湿；在雨涝情况下，深锄晾墒，促进土壤水分蒸发，达到湿锄干。通过锄地可以保证莜麦生长有一个适宜的土壤环境。近几年春季温度高，便有蚜虫苗期传毒造成早期幼苗红叶枯萎现象和地下蝼蛄、蛴螬伤苗等问题，因此在早锄的同时，还应注意防治苗期的病虫害。

总之，苗期根系发达，植株茁壮，就为后期壮株大穗打下了基础。如果杂草丛生，莜麦生长弱小，根系少，茎叶细弱，就不能有效地抗病、抗倒。

（二）分蘖抽穗期管理

1. 防止倒伏

宁夏莜麦主要是旱地种植，但也有个别农户在川道水地种植，当前，水地莜麦栽培中存在的突出问题是倒伏与丰产的矛盾，这是限制水地莜麦产量提高的一个主要因素。据调查，倒伏一般减产 10%～40%，而且降低莜麦品质和秸秆的饲用价值。

莜麦倒伏有茎倒和根倒两种，常见的是根倒。造成倒伏的外界因素是栽培密度不当，施肥浇水不科学，以及不良气候（大风、暴雨）等；内在因素是植株的抗倒能力弱，不能适应外界的自然条件。因此，防止倒伏的根本途径，是要从内在因素出发，采取综合措施，提高植株的抗倒能力。

深耕壮秆。深耕不仅对莜麦生长有重要作用，而且是壮根壮秆的重要措施。深耕后种植的莜麦，根数明显增加，茎粗也较明显，根系发达，次生根生育健旺，不仅可以从土壤中摄取更多的养分，而且对于茎秆有牢固的支撑作用，对防止倒伏有重要作用，有些地方在盐碱地进行铺沙，改良土壤，也有显著的防倒伏作用。

适当早播。莜麦早种，苗期气温低，有利于幼穗和根系生长；拔节成熟干旱少雨，气温偏低，有利于控秆蹲节，限制植株狂长，基部节间缩短，茎秆比较粗壮，提高抗倒能力。

合理密植。莜麦倒伏与密度有很大关系。莜麦是喜凉怕热作物，如果密度过大，通风不好，造成茎秆细弱，茎壁组织不发达，容易倒伏。因此必须采取宽幅大垄，即播幅 4.5～6cm，行距 25cm 左右。播种方法应以机播为主，增加播幅内单株营养面积，做到合理密植。经调查试验，凡是这样做的地块，茎秆粗壮，抗倒性强，分蘖适中，抽穗整齐，成熟一致，成穗率高，穗大粒多。

巧施水肥。根据典型调查，水地莜麦倒伏往往发生在底肥不足的情况下。由于底肥不足，影响了根部发育，从而使莜麦的营养生长与生殖生长以及内部生理机能引起失调。在此情况下，后期如果施肥浇水不当，必然造成倒伏。为了解决这一矛盾，必须采取前促后控的办法，以基肥为主，追肥为辅；农肥为主，化肥为辅；氮、磷、钾相互配合，防止营养失调。有的地方重施基肥，一般很少施追肥，特别是孕穗后，更注意少施或不施氮肥，对防止倒伏有明显的效果。在浇水上，要“头水早，二水迟，三水四水洗个脸”。早浇水既能满足幼穗分化对水肥的要求，又能达到壮而不狂、高而不倒的目的。有的地方在分蘖到孕穗前，浇 2～3 次水，孕穗后即停止浇水。浇后深锄两次，促进根壮。

前面几项措施是一个整体。适当早种是为控秆蹲节，但为了促进莜麦生长又需早浇水来促；早浇水对营养生长和生殖生长来说，是促进生殖生长，控制营养生长；宽幅大垄有利壮秆催苗，但为防止植株过高，后期又减少浇水，并实行轻浇。通过这一系列又促又控相结合的措施，就会有效地防止倒伏。但是，防止莜麦倒伏的根本性措施，是培育和选用抗倒的优良品种。

2. 控制花梢

莜麦空铃不实，称为花梢（有的地方叫白铃子、轮花）。莜麦的花梢率一般在15%左右，严重的达35%以上，对产量影响很大。因此，弄清花梢的成因，找出控制花梢的有效办法，同样是提高莜麦产量的一个重要措施。

花梢究竟是什么东西？它是如何形成的？长期以来人们对这些问题众说不一，分歧很大。有的认为花梢是一种病害，有的认为是药剂拌种的结果，也有的认为是光照、高温、干热风的危害所致（有的叫火扑）。山西农业科学院高寒作物研究所经过多年的试验与调查，认为莜麦的花梢并不是一种病害。它与谷子的秕谷和豆类的秕角一样，是一种生理特性。花梢的成因，也并不主要是光照、高温、干热风危害的结果，从根本上看，它是莜麦结实器官在不断分化、小穗和小花逐步形成的过程中，由于阶段发育所限与生理机能受到影响和抑制产生的。由于花梢是莜麦的一种生理特性，因此花梢是不会被完全消灭的，消灭了则莜麦的生命也就停止了。但是，花梢又是可以控制的，人们完全可以在掌握其规律的基础上，采取有效措施，相应地减少花梢，达到高产的目的。

莜麦花梢主要有3种类型。一是羽毛型。这是由于拔节到抽穗阶段营养不足形成退化的乳白色护颖。其形状是对生的两个窄小羽毛薄片。二是空铃型。这是一种刚刚形成的小穗，但小穗及小花为发育不完全的性器官。三是空花型。在正常的小穗中，由于营养不足等，形成了发育不完全的小花，形成有穗无籽的空铃。

从花梢的着生部位看，其显著特点：一是上部少，下部多；二是主穗少，分蘖穗多。这些特点说明，莜麦花梢率的高低与莜麦体内营养物质的多少及其输送的先后次序有着极为密切的关系。在莜麦的生长发育过程中，先分化出来的小穗对营养物质的吸收既早又多，因而花梢少，而后分化出来的小穗对营养物质的吸收既迟又少，因而花梢就相应增多，于是形成莜麦花梢上部少，下部多；主穗少，分蘖穗多的普遍特点。找到了这个规律，人们就可以集中围绕莜麦体内营养物质的制造、输送以及有关的外部因素，采取各种相应措施，因势利导，控制和降低花梢率。

增加营养物质。这是降低花梢率的前提条件。试验结果表明，如果在生长发育阶段，特别是前期阶段，土壤中的水肥充足，莜麦体内吸收的营养物质就多，因而大大促进了穗分化，增加了小穗数，并在很大程度上减少了花梢的形成条件。反之，如果营养不足，不仅影响穗分化，减少小穗数，而且由于先天性不足，会产生大量的花梢。要增加营养物质，就必须注意科学施肥科学浇水。从施肥情况看，试验表明，多施氮肥的比少施的花梢率低；以氮肥作种肥的比作追肥的花梢率低；氮、磷、钾三要素配合施用的比单独施用的花梢率低。如果农肥与化肥配合施用，则效果更为明显。从浇水情况看，试验表明，在莜麦抽穗前 12d 左右的降水量对花梢的发生有密切关系。降雨多则花梢率低；降雨少则花梢率高。同时抽穗前 5d 的湿度也直接影响花梢的多少。同样情况下，如果从分蘖到抽穗阶段适时灌水，经常保持土壤的一定湿度，就在很大程度上减少了花梢增加的条件，因而能同时收到花梢率低、产量高的双重效果。另外，轮作倒茬与花梢也有密切关系。特别是在气候干旱、土壤瘠薄的高寒山区，前茬作物对土壤中水肥的储备影响很大。试验证明，胡麻茬的花梢率比黑豆茬高，黑豆茬的花梢率又比马铃薯茬高。所以说，正确地选茬轮作，合理地养地，使土壤中的水肥积蓄较多，就会相应地增加土壤肥力，减轻花梢的发生。

促进营养物质的输送。这是降低花梢率的关键一环。莜麦是一种喜凉怕热作物，喜欢凉爽而湿润的气候环境。如果在生长发育过程中温度过高，就会使莜麦的发育阶段加快，生育期缩短，从而影响营养物质的制造和输送，同样会使花梢增多，产量降低。夏莜麦区的播种期试验结果表明，从清明到小暑分期播种的莜麦，随着播期的推迟，各个生育阶段的温度相应上升，花梢随之增加，产量随之下降。因此，合理调节播期，适当早播，减少高温对莜麦的影响，就能减轻花梢，提高产量。莜麦种植密度与花梢也有直接关系。如果密度小，分蘖就多，分蘖多，就会影响单株莜麦体内营养的消耗，减慢输送速度，导致花梢增加。这也就是花梢着生部位之所以形成主穗少、分蘖穗多的主要原因。如果密度适当加大，相应减少分蘖穗，就可更多地发挥主穗的威力，加快营养的输送和吸收，有效地降低花梢率。但是，如果密度过大，反而会因为主穗的群体过多，营养供不应求，同样会导致花梢的增加。只有因地制宜、合理密植，才能收到良好效果。

培育和选用优良品种。这是降低花梢率的根本措施。莜麦的品种不同，花梢率也不同。在现有的莜麦品种中，大体分3种情况：一是小穗数少，产量较低，花梢率也低；二是小穗数多，产量较高，花梢率也高；三是小穗数多，产量较高，花梢率较低。在选用品种时，既要看花梢率的高低，也要看小穗数的多少和产量的高低。小穗数少、产量低的品种，即使花梢率再低，也是没有意义的。如果一时找不到产量高、花梢率低的品种，可选用产量较高，花梢率也高的品种，然后通过各种综合措施，降低花梢率。与此同时，应加强科学试验，加快培育产量高、花梢率低的优良品种。

3. 掌握浇水

前面讲到，莜麦本是一种既喜湿又抗旱，既喜肥又耐瘠薄的作物。在实践中，有些人不注意莜麦的这一特性，往往将它的抗旱性误认为需水少，将它的耐瘠性误认为需肥少，因而导致了对莜麦的低待遇，导致了在种植分布上平川少于山区的情况，导致了莜麦的低产状况。为此，必须科学、全面地认识莜麦的生物学特性，为莜麦生长创造一个适宜的水肥条件，使莜麦的高产潜力能够充分地发挥出来。

从莜麦的发育与水分的关系可知，莜麦是一种喜湿性作物，它吸收、制造和运输养分，都是靠水来进行的，水分多少与莜麦生长发育关系极大。为此，在莜麦的一生中，必须根据其各个阶段对水分的需求，进行科学浇水。

根据莜麦的生理特性和生产实践，在对莜麦浇水时应认真掌握以下 3 个原则：

饱浇分蘖水。因莜麦的分蘖阶段在莜麦的一生中占有十分重要的位置。在这一阶段中莜麦植株的地上部分进入分蘖期，决定莜麦的群体结构；植株的地下部分进入次生根的生长期，决定莜麦的根系是否发达；植株内部进入穗分化期，决定莜麦穗子的大小和穗粒数的多少。因此，在这一阶段，莜麦需要大量水分。为满足这一生理要求，必须饱浇。但不可大水漫灌，而要小水饱浇。

晚灌拔节水。饱浇分蘖水之后，莜麦进入拔节期，植株生长速度本来就很快，如果早浇拔节水，莜麦植株的第一节就会生长过快，致使细胞组织不紧凑，韧度减弱，容易造成倒伏。为了避免这些问题发生，拔节水一定要晚浇，即在莜麦植株的第二节开始生长时再浇，并要浅浇轻浇。

早浇孕穗水。孕穗期也是莜麦大量需水的时期，但这个时期莜麦正处于“头重足轻”的状态，底部茎秆脆嫩，顶部正在孕穗，如果浇不好，往往造成严重倒伏，为了既满足莜麦这一时期对水分的需求，又防止造成倒伏，必须将孕穗水提前到顶心叶时期浇水，并要浅浇轻浇。

（三）开花成熟期管理

莜麦从开花到成熟 40d 左右。这个时期虽然穗数和穗的大小已经决定，但仍是提高结实率、争取穗粒重的关键时期。这一时期的管理目标是防止叶片早衰，提高光合功能，使其能正常进行同化作用，促进营养物质的转运积累，提高结实率，增加千粒重，保证正常成熟。具体措施是“一攻”（攻饱籽）和“三防”（防涝、防倒伏状、防贪青）。

第三节 病虫害绿色防控

危害宁夏莜麦的主要病害有坚黑穗病、红叶病、锈病；虫害有金针虫、蛴螬、蝼蛄、蚜虫、黏虫、蓟马。针对这些病虫害的发生规律和危害特点，采用农业防治和化学防治相结合的综合防治措施，具有良好的防治效果。如轮作倒茬，不与禾谷类作物连作，选育抗病品种，用种子量的 0.3%的克菌丹拌种，防治传毒媒介（防蚜），撒施毒土，喷粉，喷雾，联合防治等。关键在于随时监测、综合防治以及尽早防治。

第四节 收 获

莜麦的生长发育过程到蜡熟中期基本结束，这时根系的呼吸作用完全停止、叶片包括旗叶在内已经全黄、籽粒干物质积累和蛋白质含量达到最大值，实际上已经成熟，但植株含水量仍比较高、籽粒含水量还在 30%以上；进入蜡熟末期，植株全部转黄、籽粒含水率迅速降低到 20%以下。但莜麦成熟很不一致，当穗下部籽粒进入蜡熟中期即应开始进行收获，群众有“八成熟，十成收；十成熟，两成丢”的说法。

收获时期，时值雨季，收获过晚，常因风雨造成倒伏，不仅收割不便，还会导致籽粒发芽、秸秆霉烂，降低莜麦面粉和饲草的品质。因此，收获莜麦是一项突击性、抢时间的工作，应抓紧，不可有所延误，否则可能丰产而不得丰收。当然这里所说的抢时间，是指在适时收割的情况下抢，并不是说越早越好。如果收割过早，莜麦灌浆还不充分，籽粒不饱满，产量反而不高，品质也不好；但收获过晚，容易折穗、落粒严重，损失较大，所以收割莜麦必须强调“适时”“及时”。

收获莜麦应根据籽粒成熟度、品种特性、收获方法、劳力机具和天气条件等确定适宜时间集中抢收。地多人力少的，收获可在蜡熟中期，收割后有一个自然脱水的过程再进行脱粒；地少劳力多的可从蜡熟后期开始。在天晴少雨时，采取割晒的方法，先将莜麦割倒，在田间晾晒一两天，然后打捆运回；如遇阴雨天气，要即割即运，注意翻晾，防止雨淋，否则会导致麦堆内温度过高、受热变质和霉坏的损失。种子田要在抽穗后期到成熟期间认真去杂去劣，抢晴收获，以最大限度地提高种子生命力和发芽率。莜麦收获既要争分夺秒抢时间，做到及时收割，又要讲究质量，保证颗粒归仓。为了保证精收细打、颗粒归仓，人工收割的，每平方米的掉穗数不应超过两个。

莜麦脱粒以后必须尽快晒干，扬净杂质筛除秕粒；无论是机械或畜力打场，都要做好细打和复打的工作，尽量减少丢失，做到精收细打、颗粒归仓。入库前的籽粒含水量应降到13%以下。作为种子必须单收、单运、单晒、单脱，严格防止机械混杂，充分晒干、扬净，入库种子含水量要求在12%左右，标明品种名称，妥善保管并采取严密的防蛀、防霉措施。

第四章　大麦绿色高效生产技术

第一节　概　述

大麦为禾本科植物，在我国许多地区都有种植。栽培大麦以大麦穗的穗形可分为六棱大麦、四棱大麦和二棱大麦。栽培大麦又分为皮大麦（带壳的）和裸大麦（无壳的），农业生产上所称的大麦指皮大麦。

大麦是全球栽培的第四大禾谷类作物，栽培历史悠久，种植区域广阔。我国是最早栽培大麦的国家之一。

大麦的用途相当广泛，大麦可以作为饲料工业、粮食工业和食品工业的重要原料。另外，在医药、纺织、化学工业、编织制品等方面有广泛的应用。

第二节　绿色高效生产技术

一、播前准备

大麦的产量高低与品质的优劣，与播种质量有着极大的关系。播种质量好，苗全、苗壮，对大麦一生的生长发育都有良好的影响。因此在播种前，根据大麦的生物特性，综合土、肥、水等栽培条件和各项技术措施，做好播前的准备工作，灭三籽（深籽、丛籽、露籽）、争五苗（早、齐、全、匀、壮），就能为高产优质创造条件，为大麦的整个生长发育过程奠定基础。

（一）深耕与整地

播前宜深耕熟土，精细整地，协调好土壤耕层内的水、肥、气、热之间的关系，使土壤耕作层深透、松软、通气、肥沃、湿润，为麦苗发芽、出苗和生长发育创造良好的土壤环境。

深耕也要因地制宜。大麦田深耕不可一次耕得太深，因为大麦的根系分布并不太深，根群有70%～80%分布在20cm左右的土层内，30cm以下的土层根系很少分布。在大面积生产上，耕深一般以13～17cm为好。

（二）施足基肥

大麦6 000kg/hm^{2}以上，施氮量以150～195kg/hm^{2}比较合理。施用时应掌握“基肥足，苗肥早，春肥巧”的原则，其中基肥与苗肥应占80%左右，并力争苗肥基施。

（三）种子处理

品种确定后，就必须选用粒大、饱满、纯净、无病虫害以及发芽势强、发芽率高的种子作为播种材料，这样可以提高成苗率、出苗快、胚根多、幼苗健壮，更快地形成强大的同化器官，更能发挥良种的增产作用。

（1）石灰水浸种。石灰水浸种对防治大麦散黑穗病、条纹病、腥黑穗病、黑粉病、网斑病都有良好的效果。1%石灰水浸种，取质量较好的生石灰0.5kg，先用少量的水化开，再加足50kg清水，搅匀、滤去渣滓即可浸入麦种25kg，麦种浸入后立即捞除漂浮杂质，然后加盖不搅动，以免破坏水面上的碳酸钙薄膜层，影响浸种效果。水温30℃时应浸足24h，27～28℃时浸足48h，25℃浸60h，24℃以下浸72h，浸到一定时间后，捞出摊开晒干，收藏备用。

（2）402杀菌剂浸种。80% 402（即大蒜素）杀菌剂浸种是当前防治大麦条纹病最为有效的方法。有效浓度为3 000~4 000倍，浸种12~24h。

（3）多菌灵浸种。用25%多菌灵0.15~0.20kg对水1.5~2kg，拌种50kg。拌好后闷种6h，待药被种子吸干后即可播种，可兼治附在种子表面和深入种子内部的多种病菌。

（4）化学药剂拌种。用1kg氯化钙对水100kg，加入麦种1 000kg，拌匀后5~6h即可播种。作用原理是大麦植株内细胞的钙离子浓度增加，提高了细胞的渗透压和吸水率，特别是在干旱地区增产显著。此外，用萘乙酸、920、苯氧乙酸、矮壮素等激素和化学药剂进行种子处理，也都有一定的增产作用。

二、播种

（一）播种期

所谓适期，是以在当地的气候条件下，越冬前能长成壮苗为标准。一般认为，麦苗进入越冬期前，有2~3个分蘖，5~6张叶片，4~6条次生根，叶片宽厚，叶色葱绿，根系洁白、粗壮的为壮苗标准，才能保证壮苗安全越冬，提高成穗率，为壮秆、大穗、重粒打下良好基础。江苏大麦适宜播种期为10月下旬到11月上旬。

（二）播种方式

播种质量的要求是种子入土深度适宜，深浅一致，播种量准确，落籽均匀，覆盖严实，消灭“三籽”（深籽、丛籽、露籽），力争“五苗”（早、齐、全、匀、壮）。

播种方式应根据当地的耕作制度、自然条件、土壤理化性质、肥力水平、品种特性和播种工具而定：有点播、撒播和条播。江苏沿海条播一般行距 20cm 的六行条播机。江苏省沿海麦棉套作地区，播种 52cm 的麦幅，即由 4~5 个窄行组成，麦幅与麦幅之间的空幅间距为 80cm。冬季套种绿肥，春季绿肥掩埋后套种棉花。

播种深度以 3~5cm 为宜，土壤干旱、墒情不足，可适当深播；土壤湿润，则需浅播。

（三）播种量

确定最佳的播种量和合理的群体结构，是大麦栽培中的主要技术环节。一般每公顷产 6 000~6 750kg，有效穗为 750 万左右，每公顷基本苗 225 万~270 万株。

三、田间管理

（一）分蘖

大麦的分蘖越冬期包括冬前分蘖期和越冬两个生育时间。冬前分蘖期是从出苗到越冬期前（盐城地区一般是 12 月 20 日）这一生育时期，主要是生长营养器官、长叶、分蘖、发根。应以促为主，力求早发，促使叶片正常生长，根系发育良好，分蘖早发生，按期正常同伸，以达到早蘖、足蘖，为足穗高产打好基础。同时要以培育壮苗，保苗安全越冬为防冻害为主攻目标。

（1）查苗补缺。要夺取大麦高产优质，就必须一种就管，争取“五苗”（早、齐、全、匀、壮）。播种后及时检查播种质量，播种质量差，露籽较多的麦田，要及时进行精细加工。

（2）早追苗肥。施用苗肥应根据苗情不同特点，分类追肥：对晚播麦或基肥中速效氮化肥不足的田块，更应提早施用速效氮化肥，以肥带水争早发。早茬麦或地力差、基肥少、无苗肥的弱苗，也应在 1~2 叶期追施提苗肥。施用量应占施氮总量的15%~20%以促进早分蘖、多成穗、成大穗。追施方法可用尿素选择雨前进行撒施，也可用碳酸氢铵对水泼浇。应在晴天结合抗旱进行。有条件的地方，可用少量化肥掺入人畜粪尿，混合施入，以水调肥，充分发挥肥效。

（3）清沟理墒。在越冬前要把沟渠整修疏通、降低水位，防止雨后、雪后造成渍害。由于冬灌造成墒沟堵塞的田块，更应及时清理疏通，将清理出的沟泥及时敲碎，用来培麦根，保护麦苗安全越冬。

（4）冻害及防救措施。防御冻害的主要措施是选用抗寒强的品种，精细整地，施足基肥，适期播种，培育壮苗。

（二）返青、拔节、孕穗期

拔节孕穗期是决定最终穗数和每穗粒数的重要时期。这一时期的田间管理的中心任务是巩固有效分蘖、争多穗、培育壮秆促大穗。

（1）巧施春肥。根据麦田苗情长势，分类指导巧施春肥。在大面积生产中，对于一般苗势冬前长相较差，总苗数达不到预期穗数要求，苗小蘖少、苗弱群体小、根系发育又差的三类苗，开春后应立即重点追肥促进，促使返青春发，促苗转化，争春后分蘖成穗。对于冬前分蘖够苗，麦苗强壮、群体适宜、前期肥水又较充足，土壤肥力好，苗情长势正常的麦田，可控制用肥量，限制春后分蘖，减少无效分蘖。

（2）抗旱防渍。江苏省沿海地区主要以防渍为主，偶尔会发生干旱。此阶段发生干旱北方麦区会考虑在拔节前浇起身水。沿海地区也应该搞好干旱时应急预案。

（3）防止倒伏。大麦的倒伏有根倒伏和茎倒伏。预防倒伏的措施：选用高产优质抗倒品种，提高整地质量，提高沟系标准，降低地下水位，防止积水，促进根系发育；适期播种，合理密植，科学运用肥水，增施磷钾肥，创造合理的群体结构。

（三）抽穗至成熟期

这个时期的田间管理目标是保持绿叶功能旺盛，根系活力增强，延长绿叶功能期，防止烂根早衰、贪青倒伏，争粒多、粒重，夺高产。

（1）防涝与抗旱。在大麦的生育后期要加强管理，疏通排水沟，清理墒沟，降低潜层水和地下水，并做到沟渠相通，沟底不积水。将地面水、径流水及时排出，确保水流畅通无阻，达到雨停田干，防止根系早衰。

（2）叶面喷肥。磷酸二氢钾浓度为 0.2%，草木灰浓度为5%，过磷酸钙浓度为 1%~2%。每公顷用 750kg 水溶液，在抽穗后即可喷施。

第三节　病虫害绿色防控

大麦主要病害有：大麦黄花叶病、条纹病、大麦赤霉病、大麦黑穗病、大麦条纹病、大麦网斑病、大麦叶锈病、大麦白粉病等。江苏沿海大麦主要病虫害有：大麦黄花叶病、条纹病、白粉病、赤霉病、网斑病、纹枯病、黑穗病、蚜虫、黏虫等。

（一）黄花叶病

主要以农业防治为主，选用适宜本地种植的抗病高产优质良种，如苏啤 6 号等；适期晚播，以避过多黏菌侵染传毒高峰；实行轮作，有条件进行水旱轮作或大小麦轮作，减轻发病程度；基肥中增施有机肥和磷钾肥，培育壮苗，以增强抗病能力；严防病土转移或扩散。

（二）条纹病

大麦条纹病又称条斑病，是我国大麦产区普遍发生而且危害严重的病害。以长江流域的江苏、上海、浙江、四川、湖北等省市受害较重。重病田块植株死亡率可达30%~40%。大麦条纹病属系统侵染性病害，自幼苗到成株均可发病，主要危害叶片，也可侵染叶鞘和茎秆。建立无病留种田；种子处理，选用10%苯醚甲环唑水分散粒剂2g拌10kg大麦种子；加强栽培管理。

（三）黑穗病

大麦黑穗病有散黑穗病和坚黑穗病两种，分布很广，发生率在1%~5%，最重的田块发病率高达10%以上。一般认为大麦扬花期间温度为20℃，相对湿度为80%对病菌的侵袭最为有利。防治措施：选用6%戊唑醇悬浮种衣剂（立克秀）10mL，加300mL水拌种或包衣20~25kg种子；抽穗时去除病穗株。

（四）网斑病

大麦网斑病是目前大麦感染较重的一种病害。在我国以长江流域发生较为普遍，以四川、华东地区发生最重，东北及陕西也有发生。主要危害叶片引起叶枯，对籽粒饱满度和产量影响极大，产生穗小粒秕，甚至不能抽穗。大麦抽穗扬花期，病菌侵染穗部使种子带菌。选用10%苯醚甲环唑水分散粒剂2g拌10kg大麦种子；也可用二硫氰基甲烷（浸种灵）2mL，对水20kg，搅匀后浸大麦种子10kg，浸24h后播种；在发病初期喷洒50%多菌灵可湿性粉剂800倍液，或60%防霉宝超微可湿性粉剂1 000~1 500倍液、70%代森锰锌可湿性粉剂500倍液。

第四节 收 获

沿海地区大麦一般在5月中旬左右收获，看后期温度情况，温度高会早收3~5d，反之会迟收3~5d。最早不过5月初，最迟不过5月底。目前江苏大麦的收获方法都为联合收割机收割，收获、脱粒同时进行，一次完成。

第五章　糜子绿色高效生产技术

第一节　概　述

糜子耐旱、耐瘠薄，是我国北方干旱、半干旱地区主要栽培作物，生长期与雨热同步，在多数年份水分不是限制糜子生产潜力的主要因素。糜子的叶片含水率、相对含水量和束缚水含量等水分指标高，表现出有利于抵御干旱条件的水分饱和度。数量充足的自由水对生理过程酶促进生化反应起重要作用。蒸腾速率低，束缚水在温度升高时不蒸发，可以减轻干旱对植物的危害。糜子种子发芽需水量仅为种子重量的25%，在干旱地区当土壤湿度下降到不能满足其他作物发芽要求时，糜子仍能正常发芽，在禾谷类作物中耗水量最低，用水最经济。

糜子生育期短，生长迅速，是理想的复种作物。在我国北方冬小麦产区，麦收后因无霜期较短，热量不足，不能复种玉米、谷子等大宗作物，一般复种生育期短、产量较高的糜子，且复种糜子收获后不影响冬小麦的播种。糜子还是救灾、避灾、备荒作物。糜子对干旱条件的适应性和忍耐性在防范农业种植业风险、提高农业防灾减灾能力上起着十分重要的作用。糜子品种生育期可塑性比较大，可以播种后等雨出苗，也可以根据降雨情况等雨播种，是重要的避灾作物。糜子生长发育规律与降水规律相吻合的特点，使其在生育期内能有效增加地表覆盖，强大的须根系对土壤起到很好的固定作用。由于覆盖降低了地表风速，从而减轻或防止风蚀，同时，还能起到减轻雨滴冲击、阻止地表水径流的作用，使更多的水浸入地下，减少水土流失。另外，覆盖还可以防止地表板结，提高土壤持水能力，从而起到良好的水土保持作用。在遭受旱、涝、雹灾害之后，充分利用其他作物不能够利用的水热资源，补种、抢种糜子，可取得较好收成。

糜子籽粒脱壳后称为黄米或糜米，其中糯性黄米又称软黄米或大黄米。加工黄米脱下的皮壳称为糜糠，茎秆、叶穗称为糜草。自古以来，糜子不仅是北方旱作区人民的主要食物，也是当地家畜家禽的主要饲草和饲料。

糜子在宁夏粮食生产中虽属小宗作物，但在南部干旱山区具有明显的地区优势和生产优势。特别是在原州、西吉、盐池、同心、海原、彭阳等干旱、半干旱地区，从农业到畜牧业，从食用到加工出口，从自然资源利用到发展地方经济，糜子都占有非常重要的地位。

第二节　绿色高效生产技术

一、轮作制度

轮作也叫换地倒茬，是指同一田块在一定的年限内按一定的顺序轮换种植不同作物的方法。农谚有“倒茬如上粪”“要想庄稼好，三年两头倒”的说法，说明了在作物生产中轮作倒茬的重要性。根据不同作物的不同特点，合理进行轮作倒茬，可以调节土壤肥力，维持农田养分和水分的动态平衡，避免土壤中有毒物质和病虫草害的危害，实现作物的高产稳产。糜子抗旱、耐瘠、耐盐碱，是干旱、半干旱区主要的轮作作物。

糜茬的土壤养分、水分状况都比较差。糜子多数种植在瘠薄的土地上，很少施用肥料；糜子吸肥能力强，籽实和茎秆多数被收获带离农田，很少残留，缺上加亏，致使糜茬肥力很低；糜子根系发达，入土深，能利用土壤中其他作物无法利用的水分进行生产，土壤养分、水分消耗大，对后作生产有一定的影响。

糜子忌连作，也不能迎茬。农谚有"谷田须易岁""重茬糜，用手提"的说法，说明了轮作倒茬的重要性和糜子连作的危害性。糜子长期连作，不仅会使土壤理化性质恶化，片面消耗土壤中某些易缺养分，加快地力衰退，加剧糜子生产与土壤水分、养分之间的供需矛盾，也更容易加重野糜子和黑穗病的危害，从而导致糜子产量和品质下降。因此，糜田进行合理的轮作倒茬，选择适宜的前作茬口，是糜子高产优质的重要保证。

豆茬是糜子的理想前茬，研究认为，豆茬糜子可比重茬糜子增产 46.1%，比高粱茬糜子增产 29.2%。豆茬中，黑豆茬比重茬糜子增产 2 倍以上，黄豆茬比重茬糜子增产 32%。

豆科牧草与绿肥能增加土壤有机质和丰富耕层中氮素营养及有效磷的含量，改善土壤理化性质，提高土壤对水、肥、气、热的供应能力，降低盐土中盐分含量和碱土中 pH 值，使之更适合于糜子生长，是糜子理想的前茬作物。

马铃薯茬一般有深翻的基础，土壤耕作层比较疏松，前作收获后剩余养分较多；马铃薯是喜钾作物，收获后土壤中氮素含量比较丰富；马铃薯茬土壤水分状况较好，杂草少，尤其是单子叶杂草少，对糜子生长较为有利。马铃薯茬种植糜子，较谷子茬增产 90.3%，较重茬糜子增产 24.3%。马铃薯茬也是糜子的良好前茬。

除此以外，小麦、燕麦、胡麻、玉米等也是糜子比较理想的茬口，在增施一定的有机肥料后，糜子的增产效果也比较明显。在土地资源充分的地区，休闲地种植糜子也是很重要的一种轮作方式，可以利用休闲季节，接纳有限的雨水，保证糜子的高产。

一般情况下，不提倡谷茬、荞麦茬种植糜子。

全国各地自然生态条件不同，作物布局差异很大，糜子轮作制度也有很大的差异。在宁夏糜子产区，主要的糜子轮作制度有：糜子—荞麦—马铃薯；豆类（或休闲）—春小麦—糜子；春小麦—玉米—糜子—马铃薯；小麦—胡麻—糜子等轮作方式。

二、耕作、施肥技术

糜子抗旱、耐瘠、耐盐碱，具有适应性强、生育期短的特点。在作物布局、轮作倒茬中具有十分重要的作用，在抗旱避灾、食粮调剂、饲草生产上的作用更大。据《固原县志》记载，早在100多年前，宁南山区就有“禾草”“鬼拉驴”（糜子混种荞麦）等间套复种的组合方式。固原、彭阳一带还保留着麦豆收获后复种糜子的种植方式。

（一）整地

宁夏糜子主要分布在宁南山区干旱、半干旱区，几乎全部种植在旱地，土壤水分完全依靠降雨资源。冬春雨水少，苗期水分大部分依靠秋季土壤接纳的雨水来保证。要保证糜子获得全苗，做好秋雨春用、蓄水保墒是关键。因此，在整地的过程中，要坚持“二不三早一倒”的原则：“二不”指“干不停，湿不耕”。伏秋耕地时，宁愿干犁，绝不湿耕，防止形成泥条泥块，影响晒垡和土壤蓄水。“三早”指“早耕、早耱、早镇压”。糜子多种植在夏茬地，应该做到“早耕早耱，随耕随耱，三犁三耱”，耕地不出伏，冬春勤镇压，接纳夏秋雨水，提高土壤保水蓄水能力。“一倒”主要指犁地和翻土的方向要内外交替进行，犁地的走向应相互交叉，保证犁通、犁细、犁深。

1. 深耕

在秋作物收获之后，应及时进行深耕，深耕时期越早、接纳雨水就越多，土壤含水量也就相应增加，早深耕土壤熟化时间长，有利于土壤理化性质的改良。研究表明，不同时期深耕0~25cm，土壤含水量随深耕时期的推迟而减少，8 月下旬深耕，翌年 4 月土壤含水量为 13.2%，而 9 月下旬深耕，翌年 4 月土壤含水量为 10.2%，早耕与迟耕含水量相差 3%。

2. 耙耱

宁夏南部山区春季多风，气候干燥，土壤水分蒸发快，耕后如不及时进行耙耱，会造成严重跑墒，所以，耙耱在春耕整地中尤为重要。据调查，春耕后及时耙耱的地块水分损失较少，地表 10cm 土层的土壤含水量比未进行耙耱的地块高 3.5%，较耕后 8h 耙耱的地块高 1.6%。

3. 镇压

镇压是春耕整地中的又一项重要保墒措施。镇压可以减少土壤大孔隙，增加毛细管孔隙，促进毛细管水分上升，与耱地结合还可在地面形成干土覆盖层，防止土壤水分的蒸发，达到蓄水保墒目的。播种前如遇天气干旱，土壤表层干土层较厚，或土壤过松，地面坷垃较多，影响正常播种时，也可进行镇压，消除坷垃，压实土壤，增加播种层土壤含水量，有利于播种和出苗。但镇压必须在土壤水分适宜时进行，当土壤水分过多或土壤过黏时，不能进行镇压，否则会造成土壤板结。

（二）施肥

糜子虽有耐旱、耐瘠的特点，但要获得高产，必须充分满足其对水分和养分的要求。土壤肥力水平与土壤蓄水保墒能力呈正相关。保证一定的土壤肥力，不仅是满足糜子生产对养分的需要，也对增加糜子田间土壤水分十分重要。每生产糜子100kg籽实需从土壤中吸收氮1.8~2.1kg、磷0.8~1.0kg、钾1.2~1.8kg，正确掌握糜子一生所需要的养分种类和数量，及时供给所需养分，才能保证糜子高产。糜子吸收氮、磷、钾的比例与土壤质地、栽培条件、气候特点等因素关系密切。对于干旱瘠薄地、高寒山地，增施肥料，特别是增施氮磷肥是糜子丰产的基础。最新研究表明，糜子施肥N：P：K=9：7：4为宜，施肥应以基肥为主，基肥应以有机肥为主。用有机肥作基肥，不仅为糜子生长发育提供所需的各种养分，同时还能改善土壤结构，促进土壤熟化，提高肥力。结合深耕施用有机肥，还能促进根系发育，扩大根系吸收范围。有机肥的施用方法要因地制宜，充足时可以全面普撒，耕翻入土，也可大部分撒施，小部分集中施。如肥料不足，可集中沟施或穴施。一般情况下，高产糜子田应施农家肥2 000kg/亩以上，同时基施磷酸二铵10kg/亩。播种时溜施尿素5kg/亩，做到种肥隔离，防止烧芽。拔节后抽穗前，结合降雨，撒施尿素5kg/亩。适量施用锰、硼和钼可以显著提高糜子的产量和品质。

三、播种技术

播种前视土壤墒情进行浅耕（倒地）灭草。立夏后根据土壤墒情随时准备播种。

1. 种子处理

为了提高种子质量，在播种前应做好种子精选和处理工作。糜子种子精选，首先在收获时进行田间穗选，挑选那些具有本品种特点、生长整齐、成熟一致的大穗保藏好作为翌年种子。对精选过的种子，特别是由外地调换的良种，播前要做好发芽试验，一般要求发芽率达到90%以上，如低于90%，要酌情增加播种量。种子处理主要有晒种、浸种和拌种3种。晒种可改善种皮的透气性和透水性，促进种子后熟，增强种子生活力和发芽力。晒种还能借助阳光中的紫外线杀死一部分附着在种子表面的病菌，减轻某些病害的发生。浸种能使糜子种子提早吸水，促进种子内部营养物质的分解转化，加速种子的萌芽出苗，还能有效防治病虫害。药剂拌种是防治地下害虫和糜子黑穗病的有效措施。播前用药、水、种子按1∶20∶200比例的农抗“769”或用种子重量0.3%的“拌种双”拌（闷）种，对糜子黑穗病的防治效果在99%以上。

2. 适时播种

糜子是生育期较短、分蘖（或分枝）成穗高，但成熟很不一致的作物。播种过早，气温低、日照长，使营养体繁茂、分蘖增加，早熟而遭受鸟害；播种过晚则气温高、日照短，植株变矮，分蘖少、分枝成穗少、穗小粒少、产量不高，因此在生产中糜子应适时播种。其播种期与种植的地区、品种特性和各地气候密切相关。宁夏南部山区糜子播种一般考虑在早霜来临时能够正常成熟为原则，老百姓常用“挣命黄”来形容糜子成熟时的特点，即在早霜来临时糜子刚好能够成熟。宁南山区糜子根据不同的地区和品种，掌握播种时间的一般原则为：单种地区，年均温6~7℃半干旱区5月中旬至6月中旬等雨抢墒播种，年均温≥7℃地区5月中旬至7月上旬有雨均可播种。复种时要做到及时整地，尽早抢种，墒情好的时候可以茬地直接播种。

3. 播种方法

在宁夏南部山区糜子产区，糜子以条播为主，部分地区为抢时间播种还有撒播的习惯。采用条播时，用畜力牵引的三腿耧播种，行距 20~25cm。耧播省工、方便，在各种地形上都可进行。其优点是开沟不翻土、深浅一致、落籽均匀、出苗整齐、跑墒少，在春旱严重，墒情较差时，易于全苗。播种深度对糜子幼苗生长影响很大。糜子籽粒胚乳中贮藏的营养物质很少，如播种太深，出苗晚，在出苗过程中易消耗大量的营养物质，使幼苗生长弱，有时甚至苗出不了土，造成缺苗断垄。所以，糜子以浅播为好，一般情况下播深以 4~6cm 为宜。但在春天风大、干旱严重的地区，播种太浅，种子容易被风刮跑，播种深度可以适当加深，同时注意适当加大播种量。

4. 播种量与密度

由于糜子产区多分布在干旱半干旱地区，糜子获得全苗较难，所以播种量普遍偏多，往往超过留苗数的 5~6 倍，使糜子出苗密集，加之宁南山区无间苗习惯，容易造成苗荒减产。因此在做好整地保墒和保证播种质量的同时，应适当控制播种量。宁夏南部山区属干旱半干旱区，土壤瘠薄，留苗密度对糜子获得高产十分重要。一般春播留苗 6 万/亩左右。肥力较好，降水量较大的地区，留苗密度可适当增加，以 8 万/亩为宜。宁南山区糜子种植最大密度不能超过 10 万/亩。

糜子播种量主要根据土壤肥力、品种、种子发芽率、播前整地质量、播种方式及地下害虫危害程度等来确定。如种子发芽率高，种子质量、土壤墒情、整地质量好及地下害虫少时，播种量可以少些，控制在 1kg/亩左右。如果春旱严重，播量应不少于 1. 2kg/亩，最多不能大于 1. 5kg/亩。

四、田间管理

查苗补种，中耕除草。糜子播种到出苗，由于春旱和地下害虫为害等，易发生缺苗断垄现象，因此要及时进行查苗补种。幼苗长到一叶一心时及时进行镇压增苗，促进根系下扎，有条件的时候在4~5片叶时进行间定苗。糜子幼芽顶土能力弱，在出苗前遇雨容易造成土壤板结，应及时采用耙耱等措施疏松表土，保证出苗整齐。糜子有“糜锄三遍自成米”的说法，所以，中耕对糜子尤为重要。糜子生育期间一般中耕2~3次，结合中耕进行除草和培土。

第三节　病虫害绿色防控

糜子主要病害是黑穗病，一般选用50%多菌灵可湿性粉剂，或用50%苯来特（多菌灵），或用70%甲基托布津可湿粉剂，用种子量的0.5%拌种，可有效防止病害发生。虫害主要是蝼蛄、蛴螬，一般采用药剂拌种、毒饵诱杀和药剂处理土壤等方法防治。可用50%辛硫磷乳油按种子重量的0.1%~0.2%比例拌种，先加水2~3kg，稀释后喷于种子上，堆闷2~4h后播种；也可于整地前每公顷用2%甲基异硫磷粉剂或10%辛拌磷粉粒剂30~45kg，混合适量细土或粪肥20~30kg，均匀撒施地面，随即浅耕或耙耱，使药剂均匀分散于10cm土层里。糜子出苗后，如遭蝼蛄为害，可用麦麸、秕谷、玉米渣、油渣等做饵料，先将饵料炒黄并带有香味后，加4%甲基异硫磷乳油或50%对硫磷乳油50~100g，再加适量的水制成毒饵，在傍晚或雨后撒施，每公顷30kg左右，均能收到很好的效果。

麻雀是对糜子为害十分严重的鸟类。其为害主要集中在糜子成熟季节，一般在6：00~10：00和16：00~19：00在糜田觅食。阴天多，晴天少，12：00~14：00很少出来。由于麻雀是《国家保护的有益的或者有重要经济价值、科学研究价值的陆生野生动物名录》中的一般保护动物，传统的网捕、毒杀、胶粘法在使用的时候已值得商榷。防止麻雀为害除采用人工驱赶外，利用其天敌鹞子进行驱逐，效果很好。鹞子属鸟纲，鹰科，鹳属，为肉食性鸟类。雌雄羽色不同。雄鸟体长约45cm，头、颈带灰色，背部灰色，下体白色泛青。雌鸟体长约50cm，上体深褐色，下体浅褐色，缀有斑点。鹞子必须经过人工驯化后才可以使用。

第四节　收　获

糜子成熟期很不一致，穗上部先成熟，中下部后成熟，主穗与分蘖穗的成熟时间相差较大，加之落粒性较强，收获过晚易受损失。适时收获不仅可防止过度成熟引起的“折腰”，也可减少落粒的损失，获得丰产丰收。一般在穗基部籽粒用指甲可以划破时收获为宜。由于霜冻会引起糜子落粒，收获前要注意收听天气预报，保证在早霜来临前及时收获。糜子脱粒宜趁湿进行，过分干燥，外颖壳难以脱尽。

第六章　籽粒苋绿色高效生产技术

第一节　概　述

籽粒苋又名千穗谷，是苋科苋属（*Amaranthus hypochondriacus* L.）一年生粮、饲、菜兼用型作物。株高 250~350cm，茎秆直立，有钝棱，粗 3~5cm，单叶，互生，倒卵形或卵状椭圆形。圆锥状根系，主根不发达，侧根发达，根系庞大，多集中于 10~30cm 的土层内。

第二节　绿色高效生产技术

一、播种

籽粒苋忌连作，可与麦类、豆类作物轮作、间种。因种子小顶土力弱，要求精细整地，深耕多耙，耕作层疏松。籽粒苋属高产作物，需肥量较多，在整地时要结合耕翻每亩施有机肥 1.5~2t 作基肥，以保证其高产需求。

籽粒苋一般在春季地温 16℃以上时即可播种，低于 15℃出苗不良，一般在 4 月中旬至 5 月中旬播种。条播、撒播或穴播均可。收草用的行距 25~35cm，株距 15~20cm。为播种均匀，可按 1∶4 的比例掺入沙土或粪土播种，覆土 1~2cm，播后及时镇压。也可育苗移栽，特别是北方高寒地区采用育苗移栽的方法，可延长生长期，提高产草量，可比直播增产 15%~25%，移栽一般在苗高 15~20cm 时进行。

籽粒苋在 2 叶期时要进行间苗，4 叶期定苗，在 4 叶期之前生长缓慢，结合间苗和定苗进行中耕除草，以消除杂草危害。8~10 叶期生长加快，宜追肥灌水 1~2 次，现蕾至盛花期生长速度最快，对养分需求也最大，亦要及时追肥。每次刈割后，结合中耕除草，进行追肥和灌水。追肥以氮肥为主，每亩施尿素 20kg。

籽粒苋常为蓟马、象鼻虫、金龟子、地老虎等为害，可用甲虫金龟净、马拉硫磷、乐斯本等药物防治。

二、刈割

一般青饲喂猪、禽、鱼时在株高 45~60cm 刈割，喂大家畜时于现蕾期刈割，调制干草和青贮饲料时分别在盛花期和结实期刈割。刈割留茬 15~20cm，并逐茬提高，以便从新留的茎节上长出新枝，但最后一次刈割不留茬。一年可刈 2~3 次，每亩产鲜草 5~10t。

三、利用

籽粒苋茎叶柔嫩，清香可口，营养丰富，是牛、羊、马、兔、猪、禽、鱼的好饲料。籽粒苋籽实中含蛋白质 14%~19%，还有丰富的钙和维生素 B、维生素 C，可作为优质精饲料利用。茎叶中含丰富的粗蛋白、无氮浸出物和矿物质，且粗纤维含量低，适口性好，其营养价值与苜蓿和玉米籽实相近，属于优质的蛋白质补充饲料。

籽粒苋无论青饲或调制青贮、干草和干草粉均为各种畜禽所喜食。奶牛日喂 25kg 籽粒苋青饲料，比喂玉米青贮产奶量提高 5.19%。青饲喂育肥猪，可代替 20%~30%的精饲料。在猪禽日粮中其干草粉比例可占到10%~15%，家兔日粮中占30%，饲喂效果良好。籽粒苋株体内含有较多的硝酸盐，刈后堆放1~2d转化为亚硝酸盐，喂后易造成亚硝酸盐中毒，因此青饲时应根据饲喂量确定刈割数量，刈后要当天喂完。

第三节 病虫害绿色防控

籽粒苋的病害主要有软腐病、猝倒病、茎腐病和青枯病等。籽粒苋苗期害虫主要有小地老虎、蝼蛄，叶部主要害虫有甜菜白带野螟、茎钻额负蝗、中华稻蝗；茎部主要害虫有筛豆龟蝽。同时，主要害虫有小长蝽、短肩针缘蝽。并且提出通过清理种子，加强田间水肥管理，施用腐熟有机肥等措施控制病源及周围环境、及时刈割籽粒览等管理措施控制、预防为主，低毒药剂为辅的防治对策。

第四节 收　获

当籽粒苋长到80~90cm高时，开始割茬，留茬30cm左右，有计划进行分块轮割，一天能用多少就割多少。割后追施尿素每亩15kg最为经济。有条件的浇一次水。割茬后的籽粒苋很快会长出新的枝叶，然后再割茬利用。一年可割2~3茬，将割下的鲜茎叶粉碎或切碎后配合玉米面和糠，直接饲喂，直至来霜前一次性收获，这样在籽粒苋的整个生育期可供饲用120d左右。一次性收获的籽粒苋，青贮或干制后还可以继续食用。

第七章　青稞绿色高效生产技术

第一节　概　述

青稞是禾本科大麦属的一种禾谷类作物，因其内外颖壳分离，籽粒裸露，故又称裸大麦、元麦、米大麦。主要产自中国西藏自治区、青海、四川、云南等地，是藏族人民的主要粮食。青稞在青藏高原上种植约有 3 500 年的历史，从物质文化之中延伸到精神文化领域，在青藏高原上形成了内涵丰富、极富民族特色的青稞文化。有着广泛的药用以及营养价值，已推出了青稞挂面、青稞馒头、青稞营养粉等青稞产品。

青稞具有丰富的营养价值和突出的医药保健作用。在高寒缺氧的青藏高原，为何不乏百岁老人？这与常食青稞，与青稞突出的医疗保健功能作用是分不开的。据《本草拾遗》记载：青稞，下气宽中、壮精益力、除湿发汗、止泻。藏医典籍《晶珠本草》更把青稞作为一种重要药物，用于治疗多种疾病。青稞在中国西北、华北及内蒙古、西藏等地均有栽培，当地群众以之为粮，正如《药性考》中所言："青稞形同大麦，皮薄面脆，西南人倚为正食。"也有学者认为，青稞麦不易消化，尤其是未熟透的青稞更难消化，多食会损伤消化功能，易致溃疡病。

第二节　绿色高效生产技术

一、播前准备

1. 整地

春青稞整地要求“早、深、多”。“早”即当年青稞收后，应及早犁地，将前茬、杂草等有机物翻入土中，阻断病虫杂草繁衍，且使田间残留秸秆有充足的时间腐熟，培肥地力。“深”即耕地要深，一般应达30cm左右。“多”即耕地休闲期应犁耙3次以上，调整土壤颗粒结构，配合施肥提高土壤耕性。

冬青稞地区应在前茬作物收获后及时翻犁灭茬，清洁田园，清除病虫寄主。

2. 种子处理

播种前先进行种子处理。用泥水法选取饱满青稞籽粒作种子；将待播的种子太阳直晒2~3d，以打破休眠；用药剂浸拌种子作防病处理。药剂拌种，可用25%多菌灵可湿性粉剂500g对水5kg喷洒在125kg种子上堆闷1~2d；或用40%拌种双300g拌100kg青稞种，现拌现播。

二、播种

1. 播种期

高寒坝区的春青稞最佳播种期为3月10日至4月10日间；金沙江河谷区冬青稞最佳播种期为10月25日至11月5日间；澜沧江河谷区冬青稞最佳播种期为11月5日至11月12日间。各地确切的播种期还应在此基础上按照水地宜早、旱地宜迟，海拔高宜早、海拔低宜迟，阴坡宜早、阳坡宜迟，黏土宜早、沙土宜迟，晚熟宜早、早熟宜迟的原则确定播种期。

2. 播种方式

青稞播种主要有两种方式：条播和撒播。以机条播最好，容易掌握播种量和播种深度，出苗均匀而且整齐，容易培育壮苗，还可节约20%以上的种子。条播行距16~20cm，墒面宽2.5~3.0m，墒沟0.3m。机条播行距16~20cm，墒面宽2.5~3.0m，墒沟0.3m。

3. 播种量

一般上等地基本苗应保持在150万~180万株/hm^2，中等地195万~225万株/hm^2，下等地270万~300万株/hm^2比较适宜。河谷区以云青2号为例，播种量在90~120kg/hm^2，前茬是水稻播种量可以135~150kg/hm^2。高寒地区以短白青稞为例，播种量应为150~180kg/hm^2。

4. 播种深度

春青稞播种深度应在6~8cm，冬青稞应在3~4cm。

三、田间管理

1. 苗期管理

在苗齐、苗壮的基础上，促进早分蘖、早扎根，达到分蘖足、根系发达，培育壮苗，减少弱苗，防止旺苗。要及时查苗补苗，疏密补缺，中耕和除草，破除板结，追肥和镇压，达到匀苗、全苗，为壮苗奠定基础。

2. 拔节、孕穗期管理

在保蘖增穗的基础上，促进壮秆和大穗的形成，同时，防止徒长倒伏。这一时期最关键的是防止青稞倒伏。在青稞分蘖到拔节前每公顷用玉米健壮素450mL，加20%多效唑150g，每隔一周喷施一次，共喷3次，使青稞节间缩短，叶片短厚，叶色浓绿，根系发达，植株矮化抗倒。

3. 抽穗、成熟期间的田间管理

主攻目标是：养根保叶，延长上部叶片的功能期，预防旱、涝、病虫等灾害，达到最终的穗大、粒多和粒重，以利高产、优质。灌浆初期叶面喷施速效氮、磷、钾肥能有效延长叶片功能期，对壮籽增重效果显著。

4. 施肥管理

结合翻耕土地施腐熟农家肥15 000~30 000 kg/hm^2。根据目标产量法和因缺补缺的施肥方法，春作区氮、磷、钾施用比例为4∶7∶2，每公顷补施硼砂7.5kg；冬作区氮、磷、钾施用比例为9∶12∶4，补施硼砂15kg/hm^2，硫酸锌30kg/hm^2。

青稞对氮的吸收量有两个高峰期：一个是从分蘖到拔节期，这时期苗虽小，但对氮的要求占总吸收量的40%；另一个是拔节至原穗开花期，占总量的30%~40%，对磷、钾的吸收则是随着青稞生长期的推移而逐渐增多，到拔节以后的吸收量急剧增加，以孕穗期到成熟期吸收量最多，所以在分蘖前期追施尿素187.5kg/hm^2，磷、钾肥作底肥早施，苗期不作追肥用，抽穗至灌浆期每公顷用磷酸二氢钾3~4.5kg，对水900kg，叶面喷施2~3次，间隔10d喷一次，对增加籽粒饱满，提高千粒重有显著作用。

5. 水分管理

青稞生理需水总的趋势是幼苗期气温低、苗小、消耗水量少，开春拔节后，气温升高，生长发育加快，耗水量逐渐增大，到孕穗期，便进入需水临界期，此时期缺水，就会影响有效分蘖的形成，结实率下降，对产量影响很大，到抽穗开花灌浆时，需水量达到最大值，如果这时期缺水，就会影响青稞的花粉授精及穗粒数的多少，进入灌浆后耗水量逐渐减少，根据这些规律，应看苗、看田灌水，保证生长期水分的供应。春作区雨养农业，注意防渍防涝，清挖排涝沟。冬作区：从苗期开始灌水，拔节期灌水，孕穗期灌水，灌浆期等整个生育期灌4~5次水。

第三节　病虫害绿色防控

青稞是我国的主要粮食作物，随着种植结构的调整，受气候、生态、种植形式等因素的影响，致使近几年来青稞病虫草害发生严重。如近几年发生严重的青稞全蚀病、青稞根腐病、青稞纹枯病、青稞白粉病、黑穗病、病毒病、青稞吸浆虫、青稞蚜虫、麦红蜘蛛、麦田禾本科杂草、地下害虫等，严重威胁着青稞的生产。因此，认真搞好青稞病虫害的综合防治，是夺取青稞高产的重要一环。针对近几年来青稞病虫草害的发生特点，认真贯彻“预防为主，综合防治”的植保方针，在深入调查和摸清麦田生态的基础上，认真抓好青稞病虫草系统监测，大力推广优化配套综合防治技术，采取各种有力措施加大新技术、新农药的推广力度。根据青稞各生育期病虫害的发生特点，把握各个环节，尽量减少用药次数，采取有效综合防治措施，从而经济有效地控制病虫草的危害。在青稞种植生产过程中，病虫害严重阻碍了青稞产量和质量的提高，是导致青稞产量降低和品质下降的直接原因。做好麦田的病虫害防治工作，可以有效降低青稞产量的损失，促进青稞增产增收。

第四节　收　获

根据生育期适时收割。达到“九黄十收”要求。

春青稞收获季节正值秋季，冬青稞收获期为夏初，不少地方多为阴雨连绵，气温也较高，易霉变，较为严重地影响收割作业和品质，甚至有些地方多冰雹，严重威胁着丰产与丰收问题，因此选好适期收获特别重要。

人工或半人工收割堆垛或晒麦架上风干的，应在青稞蜡熟末期完熟之前，割后在地上晒 2～3d 后，晴天运回堆垛或上架，待雨季过后翻晒脱粒。注意防鼠、防火、防霉变等。

联合收割机收割的，应在完熟后的烈日下收割，有利于脱粒风净和碎草。运回后避免发热、生芽、霉变，及时晒干、扬净，含水量低于 13%时入仓。

第八章　谷子绿色高效生产技术

第一节　概　述

一、谷子在国民经济发展中的地位

谷子在植物学上属禾本科，黍族，狗尾草属，又称为粟。谷子是我国北方地区主要粮食作物之一，占北方粮食作物播种面积的10%左右，仅次于小麦、玉米，居第三位。在一些丘陵山区如辽宁省建平、内蒙古赤峰、河北省武安等地，谷子播种面积占粮食作物播种面积的30%左右，不仅是当地农民的主要经济来源，也是当地农民的主粮。

谷子是中国传统的优势作物、主食作物。谷子抗旱、耐瘠、抗逆性强，水分利用率高，适应性广，化肥农药用量少。在适宜温度下，谷子吸收本身重量26%的水分即可发芽，而同为禾本科作物高粱需要40%、玉米需要48%、小麦需要45%。谷子不仅抗旱，而且水利用率高，每生产1g干物质，谷子需水257g，玉米需水369g，小麦需水510g，而水稻则更高。不仅在目前旱作生态农业中有重要作用，而且针对日益严重的水资源短缺，谷子还是重要的战略储备作物及典型的环境友好型作物。

（一）小米的营养价值

谷子去壳后称小米，小米的种类较多，包括粳性小米、糯性小米、黄小米、白小米、绿小米、黑小米及香小米等。小米营养价值高、易消化且各种营养成分相对平衡，能够满足人类生理代谢较多方面的需要。是具有营养保健作用的粮食作物，对人体有重要作用的食用粗纤维是大米的5倍，是近年来兴起的世界性杂粮热的主要作物。

1. 小米的营养成分

小米蛋白质含量7.5%~17.5%，平均为11.42%，脂肪含量平均为3.68%，均高于大米和面粉。糖类含量72.8%，维生素A含量1.9mg/kg，维生素B_1、维生素B_2含量分别6.3mg/kg和1.2mg/kg，纤维素含量1.6%。一般粮食中不含的胡萝卜素，小米中含量是1.2mg/kg，维生素B_1的含量位居所有粮食之首。还含有大量人体必需的氨基酸和丰富的铁、锌、铜、镁、钙等矿物质。小米营养丰富，适口性好，长期以来被广大群众作为滋补强身的食物。

2. 小米的营养成分特点

（1）蛋白质含量高于其他作物。小米蛋白质含量平均为11.42%，高于大米、玉米和小麦。特别是小米蛋白质的氨基酸组成，含有人体必需的8种氨基酸，其中小米蛋氨酸含量分别是大米的3.2倍、小麦和玉米的2.6倍，色氨酸含量分别是玉米的3.0倍、大米和小麦的1.6倍，必需氨基酸含量基本上接近或高于FAO建议标准。

（2）脂肪酸有利于人体吸收利用。小米粗脂肪含量平均为4.28%，高于小麦粉和稻米。其中亚油酸占70.01%，油酸占13.39%，亚麻酸占1.96%，不饱和脂肪酸总量为85.54%，非常有利于人体吸收和利用。

（3）微量元素丰富。小米含有丰富的铁、锌、铜、锰等微量元素，其中每100g小米铁含量为6.0mg，铁是构成红细胞中血红蛋白的重要成分，所以食用小米有补血壮体的作用。小米中的锌、铜、锰均大大超过稻米、小麦粉和玉米，有利于儿童生长发育。

（二）小米的保健功能

1. 提高人体抵抗力

小米因富含维生素 B_1、维生素 B_2 等，对于提高人体抵抗力非常有益，有防止消化不良及口角生疮的功能。

2. 补血壮体

小米矿物质含量较高，具有滋阴养血的功能。可以使产妇虚寒的体质得到调养。

3. 促进消化

小米的食用纤维含量是稻米的 5 倍，可促进人体的消化吸收。

4. 药用价值

小米具有健胃益脾、补血降压、抗衰健身、延年益寿等独特功效，还能健脑、防治神经衰弱。不饱和脂肪酸有防治脂肪肝、降低胆固醇的作用。

5. 天然黄色素

小米黄色素是一种安全无毒，而且具有防护视觉、提高人体免疫力、防治多种癌症、延缓衰老等特殊功能的营养素，符合食品添加剂天然、营养和多功能的发展方向。

（三）谷草的饲用价值

谷子是粮草兼用作物，粮、草比为 1：（1~3）。据中国农业科学院畜牧研究所分析，谷草含粗蛋白 3.16%、粗脂肪 1.35%、无氮浸出物 44.3%、钙 0.32%、磷 0.14%，其饲料价值接近豆科牧草。谷草和谷糠质地柔软，适口性好，营养丰富，是禾本科中最优质的饲草，是家畜和畜禽的重要饲料，在畜牧业发展中有重要作用。

二、谷子分布、生产与区划

（一）谷子的起源、分布与生产概况

谷子是我国最古老的栽培作物之一，中国种粟历史悠久，据对西安半坡遗址、河北磁山遗址、河南裴李岗遗址等出土的大量炭化谷粒考证，谷子在我国有 7 500 年以上的栽培历史。早在 7 000 多年前的新石器时代，谷子就已成为我国的主要栽培作物。A. 德堪多认为粟是由中国经阿拉伯、小亚细亚、奥地利而西传到欧洲的。Н. И. 瓦维洛夫将中国列为粟的起源中心。

谷子在世界上分布很广，主要产区是亚洲东南部、非洲中部和中亚等地。以印度、中国、尼日利亚、尼泊尔、俄罗斯、马里等国家栽培较多。我国是世界上谷子的集中种植国，播种面积占世界谷子播种面积的 80%，产量占世界谷子总产量的 90%。印度是世界第二谷子主产国，约占世界总面积的 10%，澳大利亚、美国、加拿大、法国、日本、朝鲜等国家有少量种植。

谷子在我国分布极其广泛，各地几乎都能种植，但主产区集中在东北、华北和西北地区。近年来，由于农业生产发展，种植业结构调整，我国谷子面积与 20 世纪 80 年代相比有所下降，其中春谷面积下降幅度较大，而夏谷面积有所发展。据 2000 年统计，全国谷子种植面积约 125 万 hm^2，年总产 212 万 t左右，平均 1 700kg/hm^2。种植面积较大的地区依次是河北、山西、内蒙古、陕西、辽宁、河南、山东、黑龙江、甘肃、吉林和宁夏，总面积 123 万 hm^2，占全国谷子面积的 98.4%，单产平均 1 760kg/hm^2。其中黑龙江、吉林、辽宁三

省谷子面积 19.5 万 hm^2，占全国谷子面积的 15.6%，单产平均 1 448kg/hm^2；河北、山西、内蒙古谷子面积 75.4 万 hm^2，占全国谷子面积的 60.3%，单产平均 1 760kg/hm^2；陕西、甘肃、宁夏谷子面积 14.6 万 hm^2，占全国谷子面积的 11.7%，单产平均 980kg/hm^2；河南、山东谷子面积 13.5 万 hm^2，占全国谷子面积的 10.8%，单产平均 2 003kg/hm^2。随着谷子优良品种的推广和栽培技术的改进，提高谷子品质和生产效益成为我国今后谷子生产的发展方向。

（二）谷子栽培区划

我国谷子栽培范围广，自然条件复杂，栽培制度不同，栽培品种各异，从而形成了地区间的差异。20 世纪 90 年代，王殿赢等根据我国谷子生产形势的变化，在原东北春谷区、华北平原区、内蒙古高原区和黄河中上游黄土高原区四个产区划分的基础上，根据谷子播种期和熟性及区域性将中国谷子主产区划分为五大区 11 个亚区。

1. 春谷特早熟区

（1）黑龙江沿江和长白山高寒特早熟亚区。包括我国最北部的黑龙江沿江各县及长白山高海拔县。该区气候寒冷，是我国种谷北界，谷子品种生育期 100d 以下。对温度和短日照反应中等，对长日照反应敏感。该地区谷子常与大豆、高粱、玉米等进行 3 年轮作。栽培品种多为不分蘖、植株矮小、穗小、粒小、上籽快的早熟品种。

（2）晋冀蒙长城沿线高寒特早熟亚区。包括内蒙古中部南沿、晋西北和冀北坝上高寒地区。该区谷子品种生育期 100d 左右，对日照和温度反应敏感。抗旱性强，植株矮小，穗短，不分蘖。

2. 春谷早熟区

（1）松嫩平原、岭南早熟亚区。包括黑龙江省除松花江平原和黑龙江沿线以外的全部吉林长白山东西两侧、内蒙古大兴安岭东南各旗。该区谷子品种生育期100~110d，对短日照和温度反应中等，对长日照反应不敏感至中等，植株较矮，穗较短，粒较小，不分蘖。

（2）晋冀蒙甘宁早熟亚区。包括河北张家口坝下、山西大同盆地及东西两山高海拔县、内蒙古中部黄河沿线两侧、宁夏六盘山区、陇中和河西走廊、北京北部山区。该区谷子品种生育期110d左右，对日照反应敏感，对温度反应中等至敏感。抗旱性强，秆矮不分蘖，穗较长，粒大。

3. 春谷中熟区

（1）松辽平原中熟亚区。包括黑龙江南部的松花江平原，吉林松花江上游河谷、长春、白城平原，内蒙古赤峰、兴安盟山地和西辽河灌区。本区东西两翼为丘陵山区，中部是广阔的松辽平原，是春谷面积最大的亚区。品种对短日照反应中等，对长日照反应不敏感至中等。感温性弱。

（2）黄土高原中部中熟亚区。包括冀西北山地丘陵、晋西黄土丘陵、晋东太行山地、陕北丘陵沟壑和长城以北的风沙区。本区谷子品种生育期120d左右，对长日照反应中等至敏感，谷子品种抗旱耐瘠，植株中等，穗特长。

4. 春谷晚熟区

（1）辽吉冀中晚熟亚区。包括吉林四平、辽宁铁岭平原、辽西北丘陵、辽东山区、冀东承德丘陵山区。是辽宁、河北春谷主产区。谷子品种对短日照反应中等，对长日照不敏感，对温度反应多不敏感。植株较高，穗较长，粒小，生育期110~125d。

（2）辽冀沿海晚熟亚区。包括沈阳以南的辽东半岛、辽西走廊和河北唐山地区。谷子品种对温度反应敏感，短日高温生育期长，显著不同于其他春谷区。株高中等，生育期 120d 以上。本区已由春谷向夏谷发展。

(3) 黄土高原南部晚熟亚区。包括山西太原盆地、上党盆地、吕梁山南段、陇东径渭上游丘陵及陇南少数县、陕西延安地区。本区南界为春夏谷交界线，南部有少量夏谷，但面积和产量都不稳定。谷子品种对短日照反应中等至敏感，对长日照反应中等；对温度反应不敏感，生育期 120~130d，植株高大繁茂，穗较长，有少量分蘖，籽粒小。

5. 夏谷区

(1) 黄土高原夏谷亚区。包括山西汾河河谷、临汾、运城盆地、泽州盆地南部，陕西渭北旱塬和关中平原。该区 3 个不同熟期地段，生育期 80~90d。品种对短日照反应中等至敏感，对长日照不敏感，个别敏感；对温度反应不敏感，个别敏感。短日高温生育期短至中等。植株较高，穗较长，千粒重较高。

(2) 黄淮海夏谷亚区。包括北京、天津以南、太行山、伏牛山以东、大别山以北、渤海和黄海以西的广大华北平原，是我国夏谷主产区。品种对短日照不敏感至中等，对长日照不敏感。品种多为中早熟类型，少数晚熟，一般生育期 80~90d。植株较矮，穗较长，粒小。

(三) 谷子的分类

谷子类型的划分：依据籽粒粳、糯性划分，可分为硬谷、红酒谷；依据穗型、秆色、刚毛色等划分，可分为龙爪谷、毛粱谷、青谷、红谷等；依据植株秆色划分，可分为白秆谷、紫秆谷、青秆谷等；依生育期划分，可分为早熟类型（春谷少于 110d、夏谷 70~80d）、中熟类型（春谷 111~125d、夏谷 81~91d）、晚熟类型（春谷 125d 以上、夏谷 90d 以上）。

第二节　绿色高效生产技术

一、轮作倒茬

谷子忌连作，连作一是病害严重，二是杂草多，三是大量消耗土壤中同一营养要素，造成“歇地”，致使土壤养分失调。因此，必须进行合理轮作倒茬，才能充分利用土壤中的养分，减少病虫杂草的危害，提高谷子单位面积产量。

谷子对前作无严格要求，但谷子较为适宜的前茬以豆类、油菜、绿肥作物、玉米、高粱、小麦等作物为好。谷子要求3年以上的轮作。

二、精细整地

（一）秋季整地

秋收后封冻前灭茬耕翻，秋季深耕可以熟化土壤，改良土壤结构，增强保水能力；加深耕层，利于谷子根系下扎，扩大根系数量和吸收范围，增强根系吸收肥水能力，使植株生长健壮，从而提高产量。耕翻深度20～25cm，要求深浅一致、不漏耕。结合秋深耕最好一次施入基肥。耕翻后及时耙耢保墒，减少土壤水分散失。

（二）春季整地

春季土壤解冻前进行“三九”滚地，当地表土壤昼夜化冻时，要顶浆耕翻，并做到翻、耙、压等作业环节紧密结合，消灭坷垃，碎土保墒，使耕层土壤达到疏松、上平下碎的状态。

三、合理施肥

增施有机肥可以改良土壤结构，培肥地力，进而提高谷子产量。有机肥作基肥，应在上年秋深耕时一次性施入，有机肥施用量一般为 15 000~30 000 kg/hm^2，并混施过磷酸钙 600~750kg/hm^2。以有机肥为主，做到化肥与有机肥配合施用，有机氮与无机氮之比以 1∶1 为宜。

基肥以施用农家肥为主时，高产田以 7.5 万~11.2 万 kg/hm^2 为宜，中产田 2.2 万~6.0 万 kg/hm^2。如将磷肥与农家肥混合沤制作基肥效果最好。

种肥在谷子生产中已作为一项重要的增产措施而广泛使用。氮肥作种肥，一般可增产 10%左右，但用量不宜过多。以硫酸铵作种肥时，用量以 37.5kg/hm^2 为宜，尿素以 11.3~15.0kg/hm^2 为宜。此外，农家肥和磷肥作种肥也有增产效果。

追肥增产作用最大的时期是抽穗前 15~20d 的孕穗阶段，一般以纯氮 75kg/hm^2 左右为宜。氮肥较多时，分别在拔节始期追施“坐胎肥”，孕穗期追施“攻粒肥”。最迟在抽穗前 10d 施入，以免贪青晚熟。在谷子生育后期，叶面喷施磷肥和微量元素肥料，也可以促进开花结实和籽粒灌浆。

四、播种

（一）选用良种与种子处理

选择适合当地栽培，优质、高产、抗病虫、抗逆性强，适应性广、粮草兼丰的谷子品种。其中大面积推广的有赤谷 10 号、长农 35、晋谷 22、张杂谷 3 号、龙谷 29、铁谷 7 号、公谷 63、黏谷 1 号等品种。

谷子播种前进行种子处理。种子处理有筛选、水选、晒种、药剂拌种和种子包衣等。药剂拌种可以防治白发病、黑穗病和地下害虫等。

1. 筛选

通过簸、筛和风车清选，获得粒大、饱满、整齐一致的种子。

2. 水选

将种子倒入清水中并搅拌，除去漂浮在水面上轻而小的种子，沉在水底粒大饱满的种子晾干后可供播种用。也可用10%~15%盐水选种，将杂质秕谷漂去，再用清水冲洗两次洗净盐分，晾干后就可用于播种，还可除去种子表面的病菌孢子。盐水选种比清水选种更好。

3. 晒种

播种前10d左右，选择晴朗天气将种子翻晒2~3d，能提高种子的发芽率和发芽势，以促进苗全、苗壮。

4. 药剂拌种

用25%瑞毒霉可湿性粉剂按种子量的0.3%拌种，防白发病；用种子量的0.2%~0.3%的75%粉锈宁可湿性粉剂或50%多菌灵可湿性粉剂拌种，防黑穗病。

此外，种子包衣，有防治地下害虫和增加肥效的功能。

（二）播种期与播种方式

1. 播种期

适期播种是保证谷子高产稳产的重要措施之一，我国谷子产区自然条件和耕作制度差别很大，加上品种类型繁多，因而播期差别较大。春谷一般在5月上旬至6月上旬（立夏前后）播种为宜，当5cm地温稳定在7~8℃时即可播种，墒情好的地块要适时早播。夏谷主要是冬小麦收获后播种，应力争早播。秋谷主要分布在南方各省，一般在立秋前后下种，育苗移栽的秋谷应在前茬收获的20~30d前播种，以便适期移栽。此外，北方少数地区还有晚秋种谷的，即所谓“冬谷”或“闷谷”。播种时间一般在冬前气温降到2℃时较好。

早熟品种类型，随播期的延迟，穗粒数、千粒重、茎秆重有增加的趋势；中熟品种适当早播，穗粒数、穗粒重、千粒重、茎秆重均较高；晚熟型品种，早播时穗粒数、穗粒重和千粒重均较高。因而晚熟品种应争取早播，中熟品种可稍迟，早熟品种宜适当晚播，使谷子生长发育各阶段与外界条件较好地配合。

2. 播种方式

谷子播种方式有耧播、沟播、垄播和机播。

(1) 耧播。是谷子主要的播种方式，耧播在1次操作中可同时完成开沟、下籽、覆土3项工作，下籽均匀，覆土深浅一致，失墒少，出苗较好，适应地形广。全国大多数谷子产区采用耧播。

(2) 沟播。是我国种谷的一项传统经验，有的地方称垄沟种植，优点是保肥、保水、保土，在内蒙古东部谷子主产区赤峰种植谷子采用沟播方式进行，一般可增产10%~20%。

(3) 垄播。主要在东北地区，谷子种在垄上，有利于通风透光，提高地温，利于排涝及田间管理。

(4) 机播。以30cm双行播种产量最高，机播具有下籽匀、保墒好、工效高、行直、增产显著等特点。

(三) 播种量与密度

根据谷子品种特性、气候和土壤墒情，确定适宜的播种量，创建一个合理的群体结构，使叶面积指数大小适宜，并保持一个合理发展状态，增加群体干物质积累量，进而实现高产。

春谷播量一般为 7.5kg/hm^2 左右，夏谷播量 9kg/hm^2。一般行距在 42~45cm。一般晚熟、高秆、大穗、分蘖多的品种宜稀，反之，宜密。穗子直立，株型紧凑的品种，可适当密植；反之叶片披垂，株型松散的品种，密度要适当稀些。

播种深度 3~5cm，播后覆土 2~3cm。间苗时留拐子苗，株距 4.5~5cm。一般旱地每公顷留苗 30 万~45 万株，水地留苗 45 万~60 万株。

五、田间管理

（一）保全苗

播前做好整地保墒，播后适时镇压增加土壤表层含水量，利于种子发芽和出苗。发现缺苗垄断可补种或移栽，一般在出苗后 2~3 片叶时进行查苗补种。以 3~4 片叶时为间苗适期，通过间苗，去除病、弱和拥挤丛生苗。早间苗防苗荒，利于培育壮苗，根系发达，植株健壮，是后期壮株、大穗的基础，是谷子增产的重要措施，一般可增产 10%以上。谷子 6~7 片叶时结合留苗密度进行定苗，留 1 茬拐子苗（三角形留苗），定苗时要拔除弱苗和枯心苗。

（二）蹲苗促壮

谷苗呈猫耳状时，在中午前后用磙子顺垄压 2~3 遍，有提墒、防旱、壮苗的作用。在肥水条件好、幼苗生长旺的田块，应及时进行蹲苗。蹲苗的方法主要在 2~3 片叶时镇压、控制肥水及多次深中耕等，实现控上促下，培育壮苗。一般幼穗分化开始，蹲苗应该结束。

（三）中耕除草

谷子的中耕管理大多在幼苗期、拔节期和孕穗期进行，一般进行 3 次。第一次中耕在苗期结合间定苗进行，兼有松土和除草双重作用。中耕掌握浅锄、细碎土块、清除杂草的技术。进行第二次中耕在拔节期（11~13片叶）进行，此次中耕前应进行一次清垄，将垄眼上的杂草、谷莠子、杂株、残株、病株、虫株、弱小株及过多的分蘖，彻底拔出。有灌溉条件的地方应结合追肥灌水进行，中耕要深，一般深度要求7~10cm，同时进行少量培土。第三次中耕在孕穗期（封行前）进行，中耕深度一般以4~5cm为宜，结合追肥灌水进行。这次中耕除松土、清除草和病苗弱苗外，同时进行高培土，以促进植株基部茎气生根的发生，防止倒伏。

中耕要做到"头遍浅，二遍深，三遍不伤根"。

（四）灌溉排水

谷子一生对水分需求可概括为苗期宜旱、需水较少，中期喜湿需水量较大，后期需水相对减少但怕旱。

谷子苗期除特殊干旱外，一般不宜浇水。

谷子拔节至抽穗期是一生中需水量最大、最迫切的时期。需水量为244.3mm，占总需水量的54.9%。该阶段干旱可浇1次水，保证抽穗整齐，防止"胎里旱"和"卡脖旱"，而造成谷穗变小，形成秃尖瞎码。

谷子灌浆期处于生殖生长期，植株体内养分向籽粒运转，仍然需要充足的水分供应。需水量为112.9mm，占总需水量的25.4%。灌浆期如遇干旱，即"秋吊"，浇水可防止早衰，但应进行轻浇或隔行浇，不要淹漫灌，低温时不浇，以免降低地温，影响灌浆成熟。风天不浇，防止倒伏。

灌浆期雨涝或大水淹灌，要防止田间积水，应及时排除积水，改善土壤通气条件，促进灌浆成熟。

第三节 病虫害绿色防控

谷子病虫害主要是白发病、粟灰螟、粟叶甲、粟茎跳甲、粟芒绳、黏虫等，要防治好这些病虫害，必须要抓住关键环节，并要采取综合措施。

一、防治原则

应坚持“预防为主，综合防治”的方针。优先采用农业防治、生物防治、物理防治，科学使用化学防治。使用化学农药时，应执行 GB 4286 和 GB/T 8321（所有部分）。禁止使用国家明令禁止的高毒、剧毒、高残留的农药及其混配农药品种。应合理混用、轮换、交替用药，防止和推迟病虫害抗性的产生和发展。

二、防治方法

1. 农业防治

选用抗（耐）病优良品种；合理布局，实行轮作倒茬；彻底清除谷茬、谷草和杂草；定苗时先要拔除“灰背”病株，防止病害蔓延；适当晚播，白发病、粟灰螟等主要为害早播谷子，所以，适当晚播可减轻病虫害的发生。

2. 生物防治

保护和利用瓢虫等自然天敌，杀灭蚜虫等害虫。

3. 物理防治

根据害虫生物学特性，采取糖醋液、黑光灯或汞灯等方法诱杀蚜虫等害虫的成虫。

4. 药剂防治

对于粟茎跳甲、粟灰螟、粟叶甲、粟芒蝇、黏虫等谷子害虫，可用苏云金杆菌粉500g加10~15kg滑石粉或其他细粉混匀配成500倍液喷雾，或用2.5%溴氰菊酯乳油2 500倍液喷雾，或用21%氰马乳油2 500倍液喷雾防治。

第四节　适时收获与贮藏

适期收获是保证谷子高产丰收的重要环节，谷子适宜收获期在蜡熟末期至完熟期最好。当谷穗背面没有青粒，谷粒全部变黄、硬化后及时收割。收获过早，秕粒多或不饱满，谷粒含水量高，出谷率低，产量和品质下降；收获过迟，纤维素分解，茎秆干枯，谷壳口松落粒严重，造成产量损失。

谷子有后熟作用，收获的谷子堆积数天后再切穗脱粒，可增加粒重。

风干后脱粒，脱粒后应及时晾晒，一般籽粒含水量在13%以下可入库贮藏。仓库要保证仓顶不漏水，地面不返潮，门窗设网防止鸟、鼠、虫入内。

第九章　红米绿色高效生产技术

第一节　概　述

红米起源于中国，距今大约有 1 000 多年的历史，是在大米中液体深层发酵精制而成的一种红色霉菌。它外皮呈紫红色，内心红色，米质较好，营养价值也较高，微有酸味，味淡，是南方常见的一种粮食作物。可作饭粥，可作汤羹，还可加工成风味小吃。

第二节　绿色高效生产技术

一、提纯复壮

红米是经过人工的长期选择和自然选择而形成的，本身具有特定的遗传性和具有较一致的植物学特征以及经济性状。由于受农民群众文化素质不高的影响，科学种植水平不高，选种只是选用上年选出的种子，大多不进行定点定株选种繁殖，因此红米的混杂退化现象比较严重，如稻穗变小、每穗结实率大幅下降、空秕率增加、千粒重减轻等问题，造成红米的单产量越来越低，种植红米的农户也越来越少。为了改变这一现状，必须要对红米种子进行提纯复壮，并且要进一步加强红米的栽培管理技术，从而提高单产量，增加农户的经济收益。

二、提高栽培技术水平

苗床选择：通常要选择土质比较肥沃、地势平坦、背风向阳、排灌方便的稻田或菜地作为苗床。

苗床整理：苗床一般宽约 1.2m，但需要根据种植时间与播种量而定。如拱膜最好采用无纺布，苗床长度一般在 15m（无纺布长 16m）。苗床每平方米要施腐熟的猪牛粪 5kg、过磷酸钙 0.2kg、钾肥 50g 或复合肥 0.25kg。每亩大田按 50～60m^2 准备苗床。

种子处理：在浸种前种子要先进行晒种和选种，除去空秕的杂粒，用清水进行浸种 12～24h，并且洗净后晾干，再用旱育保姆拌种。

播种与苗床管理：苗床每平方米要播干谷 50g，栽 1 亩的大田需要红米种 2.5～3kg，即需苗床 50～60m^2。

水管理：苗床在播种前一定要浇透水，然后再用细土盖上种子，盖好后再铺拱膜保温，密闭 5～7d，要保持膜内温度不超过 35℃，天气如果不变不覆膜，秧苗不卷筒，床土发白就需要进行浇水，浇水时间应当在下午 4 点后进行。秧龄在 30～35d 时移栽，不建议栽大苗，移栽前用 20%三环唑可湿性粉剂喷施秧苗，预防叶瘟病的发生。

三、大田的栽培管理

红米移栽后要及时加强田间管理，促进红米早发。采用深水活棵、浅水分蘖的灌溉方式，确保秧苗早活棵、早发分蘖。同时要清理、配套田间沟，做到灌排适宜，促进红米移栽后的生长。

合理密植：合理密植是确保优质高产的一项主要措施，红米秆比较高，不能过密的栽植，但栽培过稀会影响产量，所以必须调节栽插方式，即改为宽窄行或宽行窄株栽插，确保其优质高产。

肥管理：应采取攻头、保尾、控中间的“促控”相结合的原则。即基肥一定要施足，蘖肥看苗而施，适量施用硅肥，达到抗倒伏的作用。一般亩施农家肥 1 500kg，复合肥 25～30kg 作为底肥。

分蘖肥：在红米返青活棵后，及时追施促蘖肥，一般每亩施尿素 5～7.5kg。在第一次追肥后 7～10d，视大田分蘖的发生量及秧苗叶色的深浅变化，适量补施平衡肥或壮蘖肥，每亩施尿素 3～4kg。对基本茎蘖苗不足的以及机插、直播的田块，适当多次增施分蘖肥。

硅肥施用：红米施用硅肥能增强红米对病虫害的抵抗能力和抗倒伏能力，改善株型，提高光能利用率，减少叶面蒸腾失水，提高水分利用率。红米缺硅容易导致茎秆细长软弱，易倒伏和感染病害，前期缺硅会使红米成穗数减少，后期缺硅则小穗数减少，红米的优质高产将受到影响。施硅肥一般可增产10%以上，并能提高稻米品质，特别是在新改水田、冷浸田以及酸性土壤上，红米施用硅肥的效果更为明显。

第三节　病虫害绿色防控

一、病害防治

有机水稻病害主要有恶苗病、稻瘟病、纹枯病和稻曲病等。在方法上主要以农业防治为主。具体来说是：通过培育壮秧、合理密植、科学调控肥水、适时搁田控制高峰苗等水稻健身栽培措施来增强植株的抗性，改善田间小气候，减轻病害的发生。

二、虫害防治

水稻害虫主要有稻象甲、稻蓟马、稻飞虱、稻纵卷叶螟、螟虫等。在防治上需采用多种措施，减少害虫的为害，使损失率控制在8%以内，基本确保田间无大面积白叶、白穗和枯死面积。具体来说，主要有以下几种方法。

（1）农业防治。通过健身栽培，增强植株的抗虫性。

（2）物理防治。安装频振式杀虫灯（30 亩左右/盏）诱杀田间趋光性害虫。点灯时间约从 6 月中旬以后每晚 18：30 开始最为合适。

（3）生物防治。一是加强监测。健全害虫测报系统，准确掌握虫情，实行达标防治。二是药剂防治。选用经有机认证机构认可的生物农药和植物性农药如 BT 粉剂和 0. 5%苦参碱水溶剂等进行防治，重点抓好 1 代、2 代螟虫，2 代纵卷叶螟和 2 代飞虱的防治，以控制害虫基数。三是生物防治。利用现有自然天敌（蜘蛛、寄生蜂、蛙类等）控制害虫的种群数量。四是稻田养鸭。通过稻鸭共育来控制田间害虫特别是飞虱等中下部害虫的发生数量。

最后，在水稻收割后需要种足种好绿肥，以培肥土壤，减少年有机肥的投入量，以降低生产成本。

第四节　收　获

红米易倒伏，因此，红米有 80%以上的稻谷表现出黄色时及时收割，及时晒干。否则，山区气候易发“秋风秋雨”，使红米稻在田间发芽、霉烂、变质，影响红米品质。

第十章　黑米绿色高效生产技术

第一节　概　述

黑米是一种药、食兼用的大米，属于糯米类。黑米是由禾本科植物稻经长期培育形成的一类特色品种。粒型有籼、粳两种，粒质分糯性和非糯性两类。糙米呈黑色或黑褐色。黑米外表墨黑，营养丰富，有“黑珍珠”和“世界米中之王”的美誉。我国不少地方都有生产，具有代表性的有陕西黑米、贵州黑糯米、湖南黑米等。

第二节　绿色高效生产技术

一、适时早播

由于黑米稻是感温型品种，要求在 3 月 10 ~ 15 日播种，这样可延长其生育期，并提前在 7 月下旬的高温来临之前抽穗扬花授粉，以利于提高产量和米质。

二、旱育多蘖壮秧

在大田周围选一丘（块）背风向阳、排灌方便的沙质壤土田或旱地进行薄膜覆盖旱育秧，适当稀播，每亩秧田播 4. 5kg，每亩大田用种量为 1. 5kg。

三、提高移栽质量

做到东西向、宽行窄株、大苗带土移栽，每亩大田插足基本苗 30 万~32 万，使之不再分蘖。宽行窄株的株行距一般为 10cm×22cm，这样可增加通风透光，有利于生长健壮，穗大粒多，改善米质。

四、增施磷钾肥、少施或不施石灰

根据土壤普查资料，一般土壤的有效钾含量较少，磷在一些地区含量也很低，因此增施磷钾肥是提高黑米稻米质的一项重要措施。磷肥以作基肥为主，钾肥以结合第一次中耕追施为主，孕穗期少量补施，抽穗前后磷钾肥都可叶面喷施。黑米稻如果吸收钙质过多，使米饭显得粗糙，食味不佳，因此栽培黑米稻的田块要少施或不施石灰。

五、尽量少用或不用农药

农药残毒会危害人畜禽健康，降低黑米品质，因此在病虫害防治上，要采取以农业防治为主的综合防治措施，包括选用抗病虫品种，处理病稻草，打捞残渣，浅灌露田，适时晒田，除净稗草，利用土法土药防治病虫害等，以达到控制和消灭病虫害而又没有农药残毒的目的。

六、后期不能断水过早

黑米稻成熟期断水过早，不仅会增加空壳率，降低千粒重和产量，而且会影响黑米稻的品质。一般黑米稻宜在收割前 6d 左右断水。

七、注意改进晒谷方法

黑米稻收割后在烈日下暴晒，迅速脱水干燥会增加碾米时的碎米率，故一般开始晒时可摊 7~10cm 厚，做到勤翻动，以防止脱水过速，特别要注意的是不要摊在水泥地暴晒。

八、加快繁殖和不断提纯复壮

黑米稻品种很珍贵，为了加快繁育，可稀播育壮秧，当秧苗分蘖达到 7~8 个时，可将分蘖一株一株分开插单本，这样 100g 种子可插 1 亩本田。在收割前选择具有本品种特性、穗大粒多、抗性强的主穗上部的 30~40 粒（即是强遗传部位的种子）做下一代种子田的种子或高产攻关田的种子，以利于不断提纯复壮，提高产量和品质。

第三节　病虫害绿色防控

一、病虫

（一）白叶枯病

发病初期，每 667m² 用草木灰 30kg，石灰 10kg，按上述喷粉法进行，主治白叶枯病，兼治稻瘟病；或按每 667m² 用茶籽饼 2.5~3kg，对水 5~7.5kg，浸泡 48h，取过滤液加水 50~75kg 喷雾。

（二）叶鞘腐败病

黑米孕穗至始穗期每 667m² 用“九二〇”29g，加磷酸二氢钾 150g，对水 50kg 喷雾。

（三）赤枯病

缺磷型赤枯病：在发病初期，喷2%过磷酸钙浸泡、过滤液。缺钾型赤枯病：发病时喷1%氯化钾溶液，或喷30%草木灰水。这两种类型的赤枯病，只要及时喷施磷、钾肥，僵苗现象自然消失，稻苗也能脱掉“红樱帽”。

（四）缩苗病

系缺锌引起，多发生在盐碱地、新开稻田、水旱轮作田。常发生在移栽后15~20d。在常年容易发生僵苗的稻田，可在起秧前，用0.1%硫酸锌连喷2次，每667m^{2}秧田喷稀释液50kg。如错过时机，也可在分蘖期每667m^{2}喷施0.1%~0.3%硫酸锌稀释液75kg；如添加叶面宝5mL，效果更好。

二、黑米除草

要使用安全高效除草剂。选用在土壤中持效期较长，对黑米无抑制作用的高效、安全杀稗剂——苯塞草胺加苄嘧磺隆或吡嘧磺隆除草。方法是插后5~7d，亩用苯塞草胺80g加苄嘧磺隆或吡嘧磺隆10g做毒土，均匀撒施，水层3~5cm，保水5~7d或用必宁特40g加扑草净100g于插后5~7d施药防除，对葡茎剪股颖有较好防效。对于三棱草、驴耳菜较多地块可采取威农或草克星二次用药或杀阔丹防除，也可于6月中旬用苯达松加二甲四氯防除。对由于缺水造成草荒严重的，灭稗用50%二氯喹林酸防除。在人工、化学除草的基础上，池埂子要割两遍，改善黑米田间通风透光条件。

三、黑米防虫

在黑米潜叶蝇、负泥虫发生初期用“功夫”或来福灵单独施用，亩用量均为20mL，对水800~1 000倍液喷雾；6月末至7月初，茎秆粗壮、心叶甜度高的植株品种易受二化螟的为害，在发病初期采用18%杀虫双撒滴剂或锐劲特乳油防除效果明显。

第四节　收　获

黑米稻收割迟了，会导致米饭没有香味，饭粒既粗又硬，所以要抢在85%稻谷成熟时收割。

第十一章　紫米绿色高效生产技术

第一节　概　述

紫米是水稻的一个品种，属于糯米类，仅湖南、四川、贵州、云南、陕西、湖北恩施等有少量栽培，是较珍贵的水稻品种，分紫粳、紫糯两种。

紫米颗粒均匀，颜色紫黑，食味香甜，甜而不腻。紫米是水稻中的一种，因碾出的米粒细长呈紫色，故名。紫米味甘、性温；有益气补血、暖胃健脾、滋补肝肾、缩小便、止咳喘等作用。紫米的保存同大米近似，可放在干燥、密封效果好的容器内，并且要置于阴凉处保存即可。另外可以在盛有紫米的容器内放几瓣大蒜，可防止紫米因久存而生虫。

第二节　绿色高效生产技术

一、选种

（一）品种选择

选用适应性强、品质优、抗性强、丰产性好、适宜本地种植的紫谷品种。如癸能紫谷、墨紫 1 号、墨紫 2 号和龙坝紫谷等。

（二）种子处理

每亩用种 3kg，在浸种催芽前将种子翻晒 2～3 h，增强种皮透性和种子活力，提高发芽率和发芽势。为了消除谷种表面或隐藏在谷壳内的病菌，用多菌灵 1∶1 500 倍的溶液浸种 1～2d 或 1∶100 石灰水浸种后用清水洗净，再进行催芽播种。然后用多菌灵、井冈霉素等拌种，预防稻瘟病、纹枯病等。

二、育秧

育秧采用旱育秧和湿润薄膜育秧两种。

（一）旱育秧

采用旱地或旱田，进行旱整、旱播、旱育的增产育秧栽培的新方法，其特点是利用扣种稀播技术，促使秧苗根系发达，生长健壮，耐旱耐寒，返青快，早发低位蘖，达到多穗、大穗增产的目的，其技术要点如下。

1. 苗床选择

旱地、菜地或稻田均可作苗床，一般选择背风向阳，土壤肥沃，疏松易碎通气，保水保肥，水源条件好，排灌方便的地块，如采用秧田作苗床的则要求选用土壤肥沃透水性好、不积水的田块。

2. 适时播种

抓住最佳节令，避开 1—2 月低温，一般在 3 月 1—10 日播种最佳。

3. 秧床碎土

分墒在播种前一天做好秧墒，苗床四周开沟排渍水，秧墒如作拱，一般 1.4 m 左右，若平铺 1.6～1.7 m，长度根据地块而定，墒面做到“匀、直、细”，分墒宽度均匀，墒面平整，墒沟笔直，墒面土细。

4. 秧床施肥与消毒

播种前每亩施氮肥 20kg、磷肥 20kg、钾肥 10kg，将混合的肥料均匀撒在墒面上，化肥施在墒面上，然后翻入耕作层，亩用 50%的敌克松 1. 0～1. 5kg，加水 300～350kg，均匀喷在苗床上。

5. 播种盖膜

播种时墒面浇透水，每平方米用种量为 60～70 g，均匀播种，播后用板子轻轻压种子，再用优质细碎的农家肥盖种，以种子不露为宜，然后浇透水，盖膜将四周压紧。

6. 播种至移栽前的苗床管理

1 叶 1 心期保温保湿，2 叶 1 心期通风炼苗，然后揭膜，揭膜后亩用尿素 3kg，对水泼浇，在 3～4 叶期加强炼苗，控高促根，促进分蘖，以晒苗为主，当发现早晚无水珠、中午叶片卷筒、秧床上出现白色时，在当天早上或傍晚浇一次透水。当秧龄 45d 左右时即可移栽。

7. 杂草防除

揭膜后进行人工除草，彻底消除杂草。

（二）水育秧

是一种选择肥力较高的稻田作为育秧田（床）。秧田必须三犁三耙，田泥平整，泥沉水浮时，将清水放出，晒田一天，然后将田整理成 1. 4 m 宽（拱架式）或 1. 7 m 宽平铺式的育秧床，长度根据秧田情况而定，秧田底肥、播种时间、播种量与旱育秧相同，播种盖膜后，保持沟内有水，田面干的现状；出苗后 25d 左右开口通风炼苗，让其逐步适应自然环境的生长。炼苗一周后揭膜。然后灌水，水层保持不淹秧心为宜，追施少量氮肥，水育秧龄偏长，秧龄达到50~60d时移栽最佳。

三、大田生产技术

（一）移栽

当秧苗达适栽秧龄45~50d时即可移栽，移栽时不栽隔夜秧，要求现拔现栽，因隔夜秧对返青有影响。

（二）规范化栽培

推广规格化条栽，在肥力较高的大田中移栽，采取行距20cm，株距13cm；中等肥力田行距17cm，株距13cm，每亩移栽2.5万~3万丛，每丛有2~3株苗。

（三）施肥

（1）底肥大田移栽整田时，亩用普钙30~40kg，钾肥5kg，硫酸锌2kg，均匀混合作中层施肥。

（2）追肥以氮肥为主，每亩施10~15kg，分两次施用，第一次在移栽返青后，亩用10kg作为分蘖肥；第二次看苗施肥，若长势较好就不再施用，因氮肥过多会导致稻瘟病的发生。

（四）除草

大田早期除草施药（移栽后10d以内施药），主要防除萌发期的杂草（稗草、鸭舌草等一年生杂草及牛毛草），大田移栽后3~7d，不能下田薅踩。常用以下几种药剂。

（1）扑草净（50%），每亩用量80~100g，拌细土20~30kg浅水层撒施。

（2）丁草胺50%乳油除草，防治对象为稗草、碎米莎草、异型莎草、牛毛草、鸡舌草。有效期30~40d，用药量100~

170g，对水50~80kg施用；毒土法，拌细土15~20kg撒施，施药时间移栽后5d左右施用，施药时保持水层3~5cm，施药后保持原大田水3~5d，如果移栽苗小，一般在移栽后7~10d秧苗生长稳定后再施药为宜。

第三节 病虫害绿色防控

坚持“预防为主，综合防治”的方针，积极推广使用生物农药，选择高效、低毒、低残留农药统一防治，分蘖盛期防治螟虫、叶瘟及纹枯病，抽穗初期及齐穗期防穗瘟各1次。另外要注意防治稻曲病、白叶枯病和稻飞虱。防治对策：药剂防治：用20%三环唑防治叶瘟，每亩用量100~125g；75%三环唑，亩用量18~25g，对水50~60kg喷雾，防治穗茎瘟用药量同上，用药时期抽穗5%时喷雾；用50%叶枯灵防治白叶枯病，每亩用药量25g，对水50kg后在晴天下午4点以后喷雾；用50%多菌灵防治纹枯病，每亩用药量25g，对水50kg后在晴天下午4点以后喷雾；用50%万灵分别在大田移栽30d左右和60d左右防治两次螟虫，每亩用药量100mL，对水50kg后在晴天中午喷雾。防治稻飞虱要用内吸性杀虫剂，用50%艾美乐防治，每亩用药量20g，对水50kg后在晴天中午喷雾或用吡虫啉类加敌敌畏、噻嗪酮等低毒环保的农药防治，禁止使用甲胺磷等国家禁用高毒农药，严禁使用功夫、灭扫利、天王星、敌杀死等菊酯类农药防治稻飞虱，因菊酯类农药能刺激稻飞虱增加产卵量，使下一代发生量更大，施药时注意施药技术，并注意安全防护，防止农药中毒。

第四节 收 获

谷粒成熟高达 90%时及时抢晴天收割，少数落粒性好的品种成熟达 85%时抢晴天收割。禁止在沥青或水泥地面上或黄泥沙地面上晾晒稻谷，防止污染。

收获的谷子及时扬净、晒干，当谷粒含水量达 13%以下时可入库贮藏。

第十二章　薏苡绿色高效生产技术

第一节　概　述

薏苡种仁是中国传统的食品资源之一，可做成粥、饭、各种面食供人们食用。尤其对老弱病者更为适宜。味甘、淡，性微寒。其中以湖北蕲春四流山村为原产地的最为出名，有健脾利湿、清热排脓、美容养颜功能。

第二节　绿色高效生产技术

一、品种选择

选择优良品种是薏苡增收的关键。在品种选择时应根据当地的气候条件、肥力水平、种植习惯等选择品种。本区域因受地域气候条件限制，适宜种植中（早）熟品种。选择分蘖势强、分枝多、结实率高、结实密、粒多、仁大、壳薄、成熟度较一致、产量高等优良品种进行种植，有利于高产增效。建议选用安紫薏苡、黔薏1号等品种。

二、栽培技术

（一）播前准备

1. 选地、整地

薏苡栽培适应性广，对土壤的要求不太严格，但好地利于高产。薏苡具有湿生性，选地以稍低洼、不积水、平坦的土地为宜。薏苡在播种前要精细整地，将地耙平、耙细，否则影响出苗。整地质量好坏是保证出苗及决定产量的关键环节。在前茬作物收获后，及时灭茬进行翻耕，以利于蓄水保墒，耕深20～25cm，结合耕翻施入基肥，每公顷施腐熟的厩肥（22 500～30 000）kg+675kg过磷酸钙+150kg钾肥（硫酸钾），均匀撒入土面。翻耕后，整平耙细，并挖20～30cm的排（灌）水沟。

2. 种子处理

（1）精选种子。播种前要进行种子精选，剔除小粒、霉烂粒、破损粒、瘪粒种子，选择籽粒饱满的作种用。

（2）晒种。将种子晒2～3d，以提高种子的酶活性并利用太阳光中的紫外线杀灭部分附着在种皮上的部分病菌，提高种子的发芽率。

（3）浸种。播种时，要根据土壤墒情决定是能否浸种。浸种可用温水（水温40～50℃）浸种6～10h。还可用500倍磷酸二氢钾溶液浸种12h，有促进种子萌发、增强酶的活性等作用。

（4）药剂拌种。用50%多菌灵或20%萎锈灵等农药，按种子量的1%进行拌种，可以防治薏苡黑穗病。

（二）播种

1. 适时播种

薏苡播种期主要根据温度、墒情和品种特性来确定。掌握好适宜的播种期及播种量是确保苗全、苗齐、苗壮的关键。影响薏苡保苗的主要因素是温度和水分，一般生产上当土壤表层（0～10cm）温度稳定在10℃以上时，即可播种。如播种过早，气温过低，易造成粉种或霉烂。安顺市生产上一般在4月上旬至5月上旬播种。

2. 播种方法

该区域薏苡采用直播种植，直播多采用条播和穴播。条播按40~60cm行距，开深6~8cm沟，将种子均匀撒于沟内。每公顷用种45~60kg，每公顷留苗22.5万株，水肥条件好宜稀，反之宜密。穴播：按行距50cm，穴距30~35cm开挖3cm深的穴，每穴种3~4粒，密度要求每公顷保证基本苗18万株。

播种深度要适宜，深浅一致，保证苗齐、苗全、苗壮。适宜的播种深度，是根据土质、墒情和种子大小而定，一般以5~6cm为宜。如果土壤黏重、墒情好时，应适当浅些，一般4~5cm；土壤质地疏松，易于干燥的沙质土壤，宜播种深些，可增加到6~8cm，但最深不超过10cm。

（三）田间管理

1. 苗期管理

（1）查苗补苗，移苗补栽。薏苡出苗后必须及时查苗补种。补苗方法：一是补播种（浸种催芽后播种）；二是移苗补栽（移栽后浇足定根水）。一般补播种或移苗补栽必须在5叶前完成，补苗后施水肥1~2次。

（2）及时间苗、定苗。在进行间、定苗工作时，应根据品种、地力、水肥条件及其他栽培管理水平进行，做到因地制宜、合理密植。间苗要早，一般在薏苡幼苗苗高5~7cm即2~3片叶时进行，结合松土除草，拔除密生苗、病弱苗。当苗龄达到4~5叶时，应进行定苗。间、定苗最好选择在晴天进行，因为受病虫危害或生长不良的幼苗，在阳光的照射下发生萎蔫，易于识别，有利于去弱留壮。

（3）中耕除草。薏苡在苗期，一般需进行1~2次中耕除草；第一次在苗高5~7cm时进行，结合间苗、定苗的同时进行除草，一般只宜浅锄 3~5cm；第二次在薏苡拔节前苗高12~15cm 时进行。

（4）苗期水肥管理。薏苡定苗后要及时追施肥料，可用腐熟的鸡粪 6 000kg/hm^2；也可以追施复合肥 45~60kg/hm^2。薏苡幼苗期的需水特点是植株矮小、生长缓慢、叶面积小、蒸腾量不大、耗水量较少。苗期除了遇到低墒不足而需要及时加水外，在一般情况下，土壤水分以保持田间持水量的 60%为宜。

2. 拔节孕穗期管理

（1）水肥管理。拔节肥应以速效氮肥为主，可施尿素120~150kg/hm^2。在薏苡进入抽穗前一周，重施穗肥，满足穗分化的需要；用复合肥 300kg/hm^2 作穗肥，提高薏苡的产量。

拔节孕穗期耗水量增加，当降水量不能满足薏苡需水的要求时，需进行人工灌溉，解决薏苡对水分的需求，力争薏苡穗多、粒大，提高产量。

（2）中耕培土。在薏苡拔节时应进行一次中耕，耕深 6~8cm，促进新根大量喷出，扩大吸收范围，并除去杂草。到抽穗前，应结合施肥培土，促使支持根的大量发生。培土还有利于雨多防涝、防止植株倒伏。

3. 花粒期管理

（1）水肥管理。粒肥一般在果穗吐丝时施用为好，这样能使肥效在灌浆乳熟期发挥作用。粒肥用量不宜过多，每公顷施撒可富 30~60kg 即可，也可用 0.4%~0.5%磷酸二氢钾水溶液或 1%~2%尿素水溶液，每公顷用量 1 050~1 500 kg，喷于茎叶上。

开花期灌水很重要，是薏苡增产的关键，需水达到高峰，花期灌水，可明显增产。从灌浆到乳熟末期，需要大量的水分，在土壤墒情不好的情况下，可进行1~2次沟灌。

（2）人工辅助授粉。薏苡属常异花授粉作物。一般靠风力自然授粉，授粉率低，要进行人工辅助授粉。当雄穗开始散粉时，在晴天露水干后（10：00~11：00）进行，手持2m长的木棒或竹竿，横向推动薏苡中上部，使花粉飞扬，有利于授粉结实。

第三节　病虫害绿色防控

病虫害防治以防为主、综合防治。在安顺地区，薏苡整个生育过程中要注意防治的主要病虫害有地老虎、螟虫、黑穗病等。

1. 地老虎防治

主要发生在苗期，是为害最重的地下害虫。幼虫将幼苗近地面的茎部咬断，使整株死亡，造成缺苗断垄。防治方法：①喷雾可用90%晶体敌百虫800~1 000倍液、50%辛硫磷乳油800倍液、5.7%氟氯氰菊酯800~1 000倍液等。②灌根在虫龄较大、为害严重的田块，可用80%敌敌畏乳油或50%辛硫磷乳油1 000~1 500倍液。

2. 螟虫防治为害

心叶及茎秆。防治方法：①早春在螟虫羽化前将上一年的薏苡秸秆集中烧毁或沤成肥料，以消灭虫源。②用黑光灯在7月至10月诱杀成虫。③药剂防治：用50%杀螟松乳油200倍液灌心，也可用50%西维因粉剂500倍液喷雾。

3. 黑穗病防治

黑穗病主要发生在薏苡抽穗期。防治方法：①实行轮作。②土壤处理：用50%多菌灵可湿性粉剂500倍液或75%百菌清可湿性粉剂500倍液泼浇。③种子处理：用50%多菌灵、80%粉锈宁等，按种子重量的0.4%~0.5%进行拌种。④建立无病留种田，在无病植株上采种。⑤加强田间管理，发现病株，及时拔除并烧毁。⑥严禁施用带菌瘘的肥料，必须施用腐熟的有机肥。

第四节　收　获

收获是栽培的最后环节，对于薏苡的产量和质量具有重要的影响。收获应适时，过早收获瘪壳多，籽粒轻，会影响产量和质量；过晚收获，易造成大量落粒。采收期因品种不同而异，一般在籽粒变硬，植株中、下部叶片变黄，种子成熟度达80%，显出该品种籽粒色泽时，即可收获。安顺地区在10月中下旬收获，以保证薏苡籽粒充分成熟，降低籽粒含水率，增加百粒重，提高产量。

生产上，安顺地区可利用人工将薏苡割倒后，集中立放2~3d，进一步灌浆成熟后脱粒，有利于高产增收，然后用稻谷脱粒机进行脱粒，也可采用人工用连枷进行脱粒。

第十三章　绿豆绿色高效生产技术

第一节　概　述

绿豆为豆科菜豆族豇豆属植物中的一个栽培品种，属一年生草本植物，是我国人民的传统粮食、蔬菜、绿肥兼用的豆类作物，具有非常好的药用价值。根据绿豆种皮的颜色分为四类，即明绿豆、黄绿豆、灰绿豆和杂绿豆。因其颜色青绿而得名，又名青小豆、箓豆、植豆、文豆。

绿豆主要分布在印度、中国、泰国等国家。在我国已有2 000多年的栽培历史，主产区集中在黄河、淮河流域及华北平原，2014年全国绿豆种植面积为55.2万hm^2。绿豆适应性广，抗逆性强，耐旱、耐瘠、耐阴蔽，生育期短，播种适期长，并有固氮养地能力，是禾谷类作物、棉花、薯类间作套种的适宜作物和良好前茬。

第二节　主要优良品种介绍

一、鹦哥绿豆

鹦哥绿豆又叫宣化绿豆，属中晚熟品种，全生育期90d左右。株高60cm左右，分枝3~4个，无限结荚习性，生长整齐一致。单株结荚45个左右，荚长约12.2cm，荚粒数12粒以上。籽粒圆柱形，翠绿有光泽，百粒重 5.2g。性喜温暖，抗干旱耐瘠薄，适应性强，较抗病毒。

该品种适应性强，对土壤要求不严格，但忌重茬。播种适期较长，春夏播均可。亩播量 1~1.5kg，播深 3~5cm，亩留苗 10 000 株左右。播前结合整地施足底肥，每亩施农家肥 2 000 kg，如再加入过磷酸钙 30~40kg 效果更佳。封垄前中耕 2~3 次，以便除草松土，开花结荚期要有充足的土壤水分。生育期间注意病虫防治。收获时以分次采荚收获为好。

二、张绿 1 号

张家口市农业科学院选育的新品系。春播生育日数 75d 左右，幼茎绿色，植株直立。株高 52cm，平均主茎分枝数 3.1 个，单株荚数 29.6 个，荚长 8.2cm，单荚粒数 9.9 粒，百粒重 5.1g，明绿豆，中粒品种。平均产量 128.5kg/亩。

三、张绿 2 号

张家口市农业科学院选育的新品系。生育期 89d，株高 75cm，有限结荚习性，植株粗壮，抗倒伏、抗病害。主茎分枝 5.1 个，茎节数 10.5 节，单株结荚 63.5 个，荚长 12cm，单荚粒数 12 粒。千粒重 69g 左右。籽粒绿色，光泽度好，不落荚，不炸粒。综合性状好，耐肥水，增产潜力大。

四、冀绿 2 号

保定市农业科学研究所选育，2002 年通过国家品种审定委员会审定。中熟，春播生育日数 72d，幼茎紫色，植株直立。株高 50cm，平均主茎分枝数 3.7 个，单株荚数 26.3 个，荚长 9.0cm，单荚粒数 11.4 粒，百粒重 4.6g，明绿豆，中粒品种。平均产量 121kg/亩。

五、中绿1号（VC1973A）

从中国农业科学院引进。该品种夏播70d即可成熟，植株直立抗倒伏，株高60cm左右。主茎分枝1～4个，单株结荚10～36个，多者可达50～100个。结荚集中，成熟一致、不炸荚，适于机械化收获。籽粒绿色有光泽，百粒重约7g，单株产量10～30g。种子含蛋白质21%～24%，脂肪0.78%，淀粉50%～54%。较抗叶斑病、白粉病和根结线虫病，并耐旱、耐涝。一般亩产100～125kg，高者可达300kg以上。适于在中等以上肥水条件下种植，春、夏播均可。适应性广，在我国各绿豆产区都能种植，不仅适于麦后复播，也可与玉米、棉花、甘薯、谷子等作物间作套种。

六、中绿2号（VC2719A系选）

中国农业科学院选育。该品种早熟，夏播生育期65d左右。幼茎绿色，植株直立抗倒伏，株高约50cm。主茎分枝2～3个，单株结荚25个左右。结荚集中，成熟一致、不炸荚，适于机械化收获。籽粒碧绿有光泽，百粒重约6.0g。种子含蛋白质24%，淀粉54%。抗叶斑病和花叶病毒病，耐旱、耐涝、耐瘠、耐阴性均优于中绿1号。高产稳产，亩产120～150kg，最高可达270kg。适于在中下等肥水条件下种植，春、夏播均可。

七、保绿942

保定市农业科学研究所选育，2004年通过全国小宗粮豆品种鉴定委员会鉴定。该品种夏播生育期60～62d，株型紧凑，直立生长，株高48.4cm，分枝3.2个，单株结荚24.2个，籽粒短圆柱形，绿色有光泽，百粒重6.3g。结荚集中，不落荚，不炸荚，适于机械收获。具有一定的抗旱、耐涝、耐瘠薄、耐盐碱能力；稳产性能好；具有极好的适应性，平均产量120kg/亩。适宜在北京、河北、河南、山东、陕西、内蒙古、辽宁、吉林、黑龙江等地种植。

栽培要点：春夏播均可，可平播也可间作。北方春播区当地温稳定在14℃以上时即可播种；夏播在6月15日以后播种。播量为每亩1.0~1.5kg。播深3cm，行距0.5cm，株距视留苗密度而定，单株留苗，中水肥地留苗每亩7 500株。随水肥条件增高或降低，留苗密度应酌情减少或增加。苗期注意防治蚜虫，花荚期注意防治棉铃虫和豆荚螟等害虫的为害。70%~80%豆荚成熟时收获。

八、碧玉珍珠

由韩国引进。该品种株高50~60cm，茎秆粗壮，根系发达，极抗倒伏，单株有效分枝5~7条，结荚80~100个，荚果长约10~12cm，每荚10~14粒，结荚期长，不早衰，成熟一致，不裂荚，籽粒饱满墨绿，百粒重6.5g左右。适应性广，抗病力强。

第三节　高产栽培技术

一、优质高产栽培技术

1. 轮作倒茬

绿豆忌连作，种绿豆要合理安排地块，实行轮作倒茬，绿豆是很好的养地作物，是禾谷类作物的优良前茬，在轮作中占有重要地位。

2. 精细整地

春播绿豆可在早秋进行深耕（耕深 15~25cm），并结合耕地每亩施有机肥 1.5~3t。播种前浅耕耙耱保墒，做到疏松适度、地面平整，满足绿豆发芽和生长发育的需要。夏播绿豆多在麦后复播，前茬收获后应及早整地。疏松土壤，清理根茬，掩埋底肥，减少杂草。套种绿豆因受条件限制，无法进行整地，应加强套种作物的中耕管理，为绿豆播种创造条件。

3. 选种

绿豆按株型分为直立、匍匐和半匍匐型品种。为便于田间管理、收获，减少田间鼠害和籽粒霉变，提高产量及产品商品性状，生产上应采用直立型抗逆性强的品种。大面积种植应选择株型紧凑，结荚集中，产量高，好管理，成熟一致，籽粒色泽鲜艳，适于一次性收获的直立型明绿豆。

4. 播种

绿豆的生育期较短，一般在 60~90d。可选择春播。绿豆从 5 月初至 6 月上旬都可播种，一般在 8—9 月中旬成熟。小面积播种可选用人工穴播，大面积播种可用机械或耧进行条播。条播每亩用种 2.5kg，穴播 1.5kg，播深 3.3cm，行距 50cm，株距 17cm。每亩密度以 10 000 株为基准，春早播应适当稀植，肥水力大的地块宜稀植，晚播或水肥差的地块宜适当密植，但密度应在 8 000~15 000 株/亩，否则会严重影响产量，出苗后及时间苗、补苗，两片三出复叶展开时及时定苗。

绿豆连茬会造成长势弱、病害严重并影响产量，前茬后最好隔 2~3 年再种绿豆。注意施好基肥，尤其是磷肥，以保苗肥、苗壮，达到高产、稳产。

5. 田间管理

（1）间苗、定苗。当绿豆出苗后达到 2 叶 1 心时，要剔除疙瘩苗、弱苗、小苗、杂苗。4 片叶时定苗，株距在 13~16cm，单作行距在 40cm 左右，每亩以 1 万~1.25 万苗为宜。

（2）中耕除草。绿豆从出苗到开花封垄，一般最少中耕 2~3 遍，即结合间苗进行第一次浅锄，结合定苗进行第二次中耕，到分枝期进行第三次中耕并进行培土，以利于护根防倒伏和排涝。如与其他作物套种，则应随主作物中耕除草。

（3）肥水管理。绿豆根瘤菌固定的氮只供应绿豆一生需氮总量的 40%左右，且其作用主要在中后期，因此，瘠薄地应注意基施 N、P、K 复合肥。在生长状况较好的情况下可不再追肥，如土壤瘠薄或其他原因造成群体偏小，预计不能封垄的地块，可在初花期追施 15%N、P、K 复合肥或磷酸二铵 10~12.5kg/亩。花荚期结合防治病虫害喷施 2%~3%的磷酸二氢钾 2~3 次，可增加籽粒重，达到增产效果。绿豆二次结荚习性很强，如花荚期遇到自然灾害，及时加强肥水管理也可夺得高产。

绿豆开花结荚期是需肥水高峰期，如果此期遇旱要及时浇水，使土壤保持湿润状态。但往往开花结荚期处在雨季，使茎叶徒长，造成大量落花、落荚或积水死亡。要及时排水，保证绿豆正常生长。

（4）适时收获。绿豆成熟不一致，当有部分豆荚变干时即应摘荚，每隔 7~10d 摘一次，共摘 3~4 次可全部收完，分批收摘有利于提高产量和品质。大面积栽培可在绝大部分豆荚变干时趁早晨有露水一次性收割，带秆放在晒场晾晒。另外，绿豆属于常规品种，如准备留作种子应在成熟前期进行田间人工提纯，去除异型杂株，以保证种子纯度。

二、旱地覆膜丰产栽培技术要点

河北北部是一个生态类型多样的地区，全区多为干旱和半干旱的丘陵、半丘陵地区以及山区，雨养农业约占70%，常年降雨350~400mm，且相对集中于七八月间，春旱是制约该区农业生产特别是春播抓苗难的重要因素。近年来，随着农村经济的全面发展，旱地覆膜技术得到广泛推广，绿豆的旱地覆膜技术，是一项成功的农业适用推广技术，一般亩产125~150kg，较不覆膜的增产40~60kg/亩。

（一）播前准备

1. 选地与施肥

地膜绿豆应选择土地较平整，土质中等以上的地块。但绿豆忌连作，它的前茬以禾谷类、马铃薯为最好。一般要求亩施优质农家肥1 500~2 000kg，碳酸氢铵或长效碳铵30~40kg，有条件的可施入尿素3kg、磷酸二铵5kg。农家肥应均匀撒开，化肥经混合后随犁施入犁底，农家肥翻入土壤。

2. 品种的选择

应根据市场需求和客户需要，根据地势、土壤肥力选择。当前冀北区大面积种植的品种有鹦哥绿豆、冀绿2号等。

3. 地膜的选择

要选用幅宽70~80mm、厚度为0.005mm的无色透明高压聚乙烯地膜，一般亩用量2.5~3.0kg。

（二）栽培技术要点

1. 种子处理

将选择好的品种进行筛选去杂，一般亩用量1~1.5kg。若机械播种，可适当加大播种量。

2. 覆膜与播种时间

旱地地膜绿豆种植的地块要根据土壤墒情适时覆膜。在春季墒情差的情况下，应等雨覆膜，等雨时间为5月下旬，雨后及时、迅速地将地膜覆好，从而有效地保证膜内土壤水分减少蒸发。膜覆好后，根据绿豆的生育期和自然特点（播早易受黑绒金龟子危害）适时播种，但最晚不要超过6月10日。

3. 播种质量

播种深度3~4cm，一膜两行，播种孔离膜边10cm，株距18~20cm，小行距30~35cm，大行距70~75cm。采取人工打孔点种，按穴点种，每穴3~4粒，种子必须放在湿土层内。墒情差时要坐水点种，播种孔要压严。大面积绿豆覆膜播种多采用机械播种，用玉米覆膜播种机即可。

4. 放苗

一般播后6~8d出苗，由于绿豆顶土能力较弱，要及时检查。如遇雨播种孔表土板结，要及时打碎土块，引苗放苗，并将苗孔封严，以免水分蒸发。

5. 查苗、补苗、定苗

在幼苗伸展2~3片真叶时，进行间苗、定苗，每穴留2株。地膜绿豆一般不用补苗，如发现缺苗断条时可在邻穴各多留一株，弥补缺苗现象，达到亩保苗1万~1.2万株。

6. 中后期田间管理

地膜绿豆在温、湿度保障的条件下，分枝较多，为获得较高产量，要适时进行叶面喷肥，以达到增花增结荚、促进籽粒饱满、提高分枝成荚率的目的。可分别在花期前和摘完第一次成熟荚后，亩用磷酸二氢钾100g或喷施宝一支进行叶面喷施。

7. 适时收获

地膜绿豆成熟较早，分层成熟，要做到边成熟边收获。覆膜绿豆一般在8月上旬第一层荚成熟，8月下旬第二层荚成熟，9月上旬下部茎节分枝荚相继成熟，要适时收获。

三、绿豆间套种栽培技术要点

绿豆在河北北部主要是和玉米等禾本科作物以及马铃薯间作套种，在冀北春玉米种植区，采用1.3~1.4m宽带，2∶2栽培组合。4月中下旬先播种两行玉米，小行距40~50cm，株距30cm，密度3 000株/亩。一般5月上旬播种绿豆，小行距40~50cm，株距15cm，密度6 000株/亩。大部分地区玉米和绿豆的间作采用2∶1种植，即玉米采用大小行种植，在宽行点播一行绿豆。

第四节　适时收获与贮藏

绿豆吸湿性强，易发热霉变和受害虫危害。在贮藏过程中，主要应防止绿豆变色、变质和发生虫害。绿豆象又称“豆牛子”，繁殖迅速，对绿豆、小豆、豇豆等多种小杂豆为害严重。安全贮藏绿豆的关键就是杀除绿豆象。灭虫的最佳时间是绿豆收获后的10d内。灭虫处理后的绿豆，要隔离贮藏，封好库仓，防止外来虫源再度产卵为害。另外，灭虫时绿豆必须晒干。

1. 高温处理

（1）日光暴晒。炎夏烈日，地面温度不低于45℃时，将新绿豆薄薄地摊在水泥地面暴晒，每30min翻动1次，使其受热均匀并维持在3h以上，可杀死幼虫。

（2）开水浸烫。把绿豆装入竹篮内，浸在沸腾的开水中，并不停地搅拌，维持1~2min，立即提篮置于冷水中冲洗，然后摊开晾干。

（3）开水蒸豆。把豆粒均匀摊在蒸笼里，以沸水蒸馏5min，取出晾干。由于此法伤害胚芽，故处理后的绿豆不宜留种或生绿豆芽。

以上经高温处理的绿豆色泽稍暗，适宜于家庭存贮的食用绿豆。

对于大批量绿豆可用暴晒密闭存贮法。即将绿豆在炎夏烈日下暴晒 5h 后，趁热密闭贮存。其原理是仓内高温使豆粒呼吸旺盛，释放大量 CO_2，使幼虫缺氧窒息而死。

2. 低温处理

（1）利用严冬自然低温冻杀幼虫。选择强寒潮过后的晴冷天气，将绿豆在水泥场上摊成 6～7cm 厚的波状薄层，每隔 3～4h 翻动 1 次，夜晚架盖高 1.5m 的棚布，既能防霜浸露浴，又利于辐射降温，经 5 昼夜以后，除去冻死虫体及杂质，趁冷入仓，关严门窗，即可达到冻死幼虫的目的。

（2）利用电冰箱、冰柜或冷库杀虫。把绿豆装入布袋后，扎紧袋口，置于冷冻室，控制温度在-10℃以下，经 24h 即可冻死幼虫。对于其他豆类也可用上述方法处理。

3. 药剂处理

（1）磷化铝处理。温度在 25℃时，$1m^3$ 绿豆用磷化铝 2 片，在密闭条件下熏蒸 3～5d，然后再暴晒 2d 装入囤内，周围填充麦糠，压紧，密闭严实，15d 左右杀虫率可达到 98%～100%，防治效果最好。这样既能杀虫、杀卵，又不影响绿豆胚芽活性和食用。注意，一定要密封严实，放置干燥处，不要受潮伤热，以免出现缺氧走油。

（2）酒精熏蒸。用 50g 酒精倒入小杯，将小杯放入绿豆桶中，密封好，1 周后酒精挥发完就可杀死小虫。

第十四章　小豆绿色高效生产技术

第一节　概　述

小豆起源于亚洲东南部，中国中部和西部山区及其毗邻的低地均包括在起源地之内，在喜马拉雅山脉曾采集到小豆野生种和半野生种，近年来在辽宁、云南、山东、湖北、陕西等地也发现了小豆野生种及半野生种。世界上小豆生产主要集中在亚洲国家，如中国、日本、韩国等，故亦被称为“亚洲作物”。据史书记载及考古学发现，中国小豆栽培已有 2 000 多年的历史，是最大的小豆生产国，年种植面积 30 万 hm^2 左右，年际间虽有波动，但总体呈渐升趋势。

第二节　绿色高效生产技术

一、播前准备

（一）选地

小豆忌重茬，不能连作，选择上茬以禾本科最佳。播前要平整土地，趁土壤干湿适度时旋耕，耕深 15～20cm，增强土壤通气透水性能。

（二）科学施肥

每公顷底施磷酸二铵 150kg、硫酸钾 75kg，或氮、磷、钾含量均为15%的三元素复合肥225~300kg。

（三）种子处理

播前进行筛种选种，去除瘪粒、病粒、杂粒；晒种2~3d，播前用40%辛硫磷乳油500倍液浸种2h，防治地下害虫；或用35%多克福种衣剂拌种，防治立枯病、地下害虫。

二、播种

（一）适期播种

小豆为短日照作物，播种不宜过早，否则易爬蔓徒长，影响产量。但播种过晚，不能成熟，降低产量和产品质量。唐山地区夏播小豆适宜播种期为6月20日至7月10日。

（二）播种方式

采取麦收后机械等行距平作种植样式，使用能够种、肥隔离的玉米播种机播种，行距50~60cm。为保证播种质量，应把小豆播在湿土上，土壤田间持水量70%~80%为宜。

（三）适量播种，合理密植

播种量30~37.5kg/hm^2。保红947、唐山红穴距11~13cm，每公顷保苗13.5万~15万穴；冀红9218、中红6号穴距10~12cm，每公顷播15万~18万穴。肥地宜稀，瘦地宜密。播种深度以3~4cm为宜。

（四）播后镇压

为确保种子与土壤紧密结合，提墒保墒，防止小豆缺苗断垄，播种后应及时镇压。

三、田间管理

从出苗到成熟不同时期的水肥等管理措施。

（一）苗期管理

（1）适期间定苗。幼苗出齐后，两片子叶平展至第一片真叶展开时进行间苗，2~4 片真叶期定苗，每穴留苗 1 株。间定苗时，坚持“四留、四去”的原则进行，即留壮苗去弱苗，留健苗去病虫苗，留大苗去小苗，留纯苗去杂苗。

（2）中耕除草。结合间、定苗进行中耕除草，至封垄前进行 2~3 次，开花前结束，避免损伤花荚，影响产量。也可以进行化学免耕除草，在小豆播后苗前，每公顷用 12.5%拿捕净 80~100mL 对水 750~900kg 喷雾，进行土壤封闭，防除禾本科杂草和麦苗。出苗后，如果杂草较多，在小豆 2 片复叶期，杂草 2~4 叶期，每公顷用 12.5%拿捕净 120~ 1 500mL，混加 25%虎威 900~120mL，对水 750kg，进行定向喷雾，防除禾本科杂草和阔叶杂草。除草要注意严格掌握药量，苗后除草喷头要带防护罩，药液不能喷在小豆植株上，防止除草剂药害。

（二）花荚期管理

（1）适量追肥。在小豆初花期和盛花期，叶面喷施0.1%~0.2%磷酸二氢钾、0.04%~0.05%钼酸铵 750~900 kg/hm^2，可促进小豆花芽分化，提高结实率。在小豆末花期，追施尿素90~120kg/hm^2，可促进小豆生殖生长，使花荚数增多。

（2）科学排灌。小豆浇水应坚持底墒足、花期足，苗期和后期少的“两足、两少”原则进行。河北东部地区夏播小豆生育期正值雨季，一般不用浇水。但现蕾期及结荚期遇旱采取垄沟灌水的方式进行浇水，防止大水漫灌；如果遇到洪涝，要立即开沟排水。

（3）加强涝灾后管理。夏播小豆正值雨季，洪涝灾害时常发生。遇到洪涝灾害，在及时排水除涝的基础上，及时叶面喷施磷酸二氢钾，进行中耕松土散墒，积水地块适当追施少量速效复合肥，补充养分，促苗复壮。

第三节　病虫害绿色防控

小豆常见病害有立枯病、病毒病、白粉病、锈病等，害虫有地下害虫、蚜虫、蟋蟀、蜘蛛、豆荚螟和绿豆象等。

一、立枯病

主要发生在苗期，为害幼苗茎基部或地下根部，造成植株枯死。立枯病可在播前用50%多菌灵以种子量的0.5%~1.0%拌种防治；或用35%多克福种衣剂拌种，兼防地下害虫。

二、病毒病

以苗期发病较多。在田间主要表现为花叶斑驳、皱缩花叶等。主要是播种带病种子，蚜虫传播。

防治措施，选用无病或耐病品种，及时防治蚜虫，拔除病株带出田间销毁，发病初期每公顷用20%吗胍乙酸铜可湿性粉剂750~825g，对水750kg喷雾，间隔7~10d喷1次，一般喷2~3次。

三、白粉病和锈病

在小豆成株期发生，主要为害叶片，病斑多时引起叶片枯死而减产。该病由小豆单胞锈菌侵染致病，借风雨传播，迅速扩展蔓延。

防治措施，合理密植，在田间植株发病初期，用25%粉锈宁可湿性粉剂2 000倍液喷雾防治，每隔7~10d喷1次，连喷2次。

四、蚜虫

蚜虫多发生在苗期和花期，结荚期温度过高也可能发生。可用10%吡虫啉可湿性粉剂2 000~3 000倍液或50%辟蚜雾可湿性粉剂2 000~3 000倍液喷雾防治。

五、红蜘蛛

每公顷用8%中保杀螨乳油750mL+70%艾美乐水分散粒剂30g，对水450~750kg喷雾。

六、豆荚螟和绿豆象

发生时期为8月中下旬花荚期，以幼虫蛀入豆荚为害豆粒，对小豆的产量、质量影响很大。可于8月中旬用每公顷用20%氰戊菊酯乳油300~450mL，配成2 000~3 000倍液喷雾，或公顷用40%福戈水分散性粒剂120g，对水750kg喷雾。

第四节　收　获

小豆易炸荚落粒，为减少收获损失，人工收割应在荚变黄、叶片全部脱落前进行，若叶片全部脱落后再收割，就易造成炸荚损失。采收最好在早晨或傍晚进行，严防在烈日下作业，避免机械性炸荚，降低田间损失率，做到颗粒归仓。

第十五章　豌豆绿色高效生产技术

第一节　概　述

豌豆是世界重要的栽培作物之一。种子及嫩荚、嫩苗均可食用；种子含淀粉、油脂，可作药用，有强壮、利尿、止泻之效；茎叶能清凉解暑，并作绿肥、饲料或燃料。

第二节　绿色高效生产技术

一、播前准备

（1）整地作畦。适时早耕地，一般耕深 25cm 左右为宜。精细整地，疏松土壤，宜根据土壤性质适当加厚土层。春、夏雨水较多的地方宜开沟作畦，做到排灌通畅。

（2）施肥。结合土壤肥力，每公顷施入腐熟农家肥或市购有机肥 30 000~60 000 kg，农家肥和市购有机肥应符合 GB/T 19630. 1 的规定。

二、播种

（1）播种期。秋豌豆区，一般在 10—11 月播种。春豌豆区，2 月下旬至 4 月上旬播种。在幼苗不受霜冻的前提下，推荐适时早播。

（2）播种方法。播种方式主要有条播、点播和撒播。播种量宜根据豌豆种子的大小、种植方式、种植密度及发芽率高低确定。一般播种量 225~375kg/hm^2。春播区播种量宜稍多，秋播区播种量宜稍少；矮生早熟品种播种量宜稍多，高茎晚熟品种宜稍少；条播和撒播的播种量较多，点播的播种量较少。大粒种的播种密度大，播种量较多；小粒种的播种密度小，播种量较少。

（3）播种密度。一般高茎品种，土质较好，则宜稍稀植；反之则宜稍密植。菜豌豆一般种植密度 120 万~180 万株/hm^2；干豌豆一般每公顷种植密度 45 万~75 万株/hm^2。

三、田间管理

（一）补苗

间苗幼苗出土后，要及时查苗补缺，促进苗全。补苗的方法分为补种和补苗，其中补种以浸种催芽播种为宜。如苗子过多或过密，宜及早间苗，促进壮苗。

（二）搭架摘心蔓生性和菜用豌豆品种

在蔓生长后易倒伏，通风透光不良，影响结荚。因此，应在植株蔓长达到 30cm 左右，并出现卷须后需及时插架，架高 100~150cm，引蔓上架。半蔓性的品种：有条件时也可在始花期搭简易支架，这样便于田间管理，有利于提高产量。有的品种在株高 30cm 时需要摘心，以促生旁枝，增加开花数与结实率。摘下的嫩尖也可供作蔬菜食用。

（三）土肥管理

（1）中耕松土。幼苗出土后，抓紧中耕松土 1~2 次，具有提高地温和保墒作用，并可促进地下根瘤活动，增加根系的固氮能力。

（2）清沟壅土。经常清理沟道，保证沟系畅通不积水。清沟的泥土放在蚕豆根系边作培土。

（3）施肥量。每生产 100kg 豌豆干籽粒需吸收氮约 3.1kg，磷约 0.9kg，钾约 2.9kg。所需氮、磷、钾的比例约为 1∶0.3∶1。依据地力、品种产量的不同，进行平衡施肥。

（四）水分管理

（1）灌溉。豌豆苗期是否需要灌溉，主要取决于播种时土壤的墒情和土壤较深层的水分蓄积量，但必须保证正常发芽和出苗。豌豆一生直接吸收利用的水分相当于 100~150mm 的降水或灌溉量。如无降雨或很少降雨时，以在开花前期和荚果灌浆期各灌溉一次最为合适，但每次灌水量不宜过大，灌后结合锄地保墒。灌溉水质应符合 GB 5084—1992 要求。进行有机生产时，应有相对独立的供水系统，以免水质受到污染。

（2）排水。在多雨地区和多雨年份，还必须注意及时排水防涝。

第三节　病虫害绿色防控

一、农艺措施

选用抗病品种，实行与禾本科作物轮作换茬，减少土块病原菌。施用沤制的土杂肥减少病原菌传播。建立无病留种田，选用无病种子。选择排水良好的地块合理密植，加强田间管理，增强植株抗病力。加强中耕除草，降低病虫源数量，培育无病虫害壮苗。适期播种，使豌豆生长避开病虫害高发期。及时防治，拔除病株。

二、使用植物保护产品

可用70%百菌清500～800倍液、25%粉锈宁可湿性粉剂2 000～3 000倍液，可结合治虫同时进行。

三、采用人工除草

豌豆一般不需疏苗、定苗。但是，豌豆苗期生长缓慢易草荒，应及早锄地除草，松土保墒，以提高地温促进生长。豌豆大田种植时，进行两次锄地一般除草足以解决杂草问题，锄地深度应掌握先浅后深的原则。第一次锄地除草一般在播种后30～35d进行，此时豌豆株高一般在5～7cm；第二次锄地除草一般在播后50d左右，并结合培土，起到增根、防倒伏的作用，此时株高一般在20～30cm，茎部尚未快速伸长。松土除草应在开花期前完成，以后茎叶生长迅速，已经封垄，锄地易伤植株，杂草多时应人工拔除。

第四节　收　获

一、采收

由于豌豆的成熟期很不一致，所以要根据豌豆的不同食用方式，决定收获时间。一般食粒豌豆于开花后15～18d，籽粒饱满时开始采收。而产干豌豆70%～80%豆荚枯黄时收获，最好能在早晨露水未干时或傍晚进行，以免爆荚落粒。

二、储藏

在避光、常温、干燥和有防潮设施的地方单独储藏。储藏设施应清洁、干燥、通风、无虫害和鼠害。

豌豆储藏的关键是防止豌豆象的为害，常用囤套囤密闭储藏法。具体步骤是当豌豆收获后，趁晴天晒干，使水分降到14%以下；当种温相当高时，就趁热入囤密闭，使在密闭期间继续上升达到50℃以上（如未达到，杀虫效果不可靠），入仓前预先在仓底铺一层经过消毒的谷糠，压实，厚度须在30cm以上。糠面垫一层席子，席子上用穴子围作一圆囤，其大小随豌豆数量而定。然后将晒干的豌豆倒进囤内，再在囤的外围做一套囤，内外囤圈的距离应相隔30cm以上。在两囤的空隙间装满谷糠，最后囤面再覆盖一层席子，席上铺一层谷糠，压实，厚度须在30cm以上。这样豌豆上下和四周都有30cm厚的谷糠包围着，密闭的时间一般为30~50d，随种温升高程度加以控制。豌豆密闭后的10d内，需每天检查种温，每隔1d检查虫霉情况，到10d以后，就可每隔3~5d检查1次。豌豆在密闭前后，须测定发芽率。

消灭豌豆象可采用开水烫种法，即用大锅将水烧开，把水分在安全标准以内的豌豆倒入竹筐里，浸入开水中，速用棍搅拌，经25s，立即将竹筐提出放入冷水中浸凉，然后摊在垫席上晒干储藏。处理时要严格掌握开水温度，烫种时间不可过长、过短，开水须将豌豆全部浸没，烫时不断搅拌。

第十六章　蚕豆绿色高效生产技术

第一节　概　述

原产欧洲地中海沿岸，亚洲西南部至北非。蚕豆营养价值丰富，含8种必需氨基酸。碳水化合物含量47%~60%，可食用，也可作饲料、绿肥和蜜源植物种植。为粮食、蔬菜和饲料、绿肥兼用作物。

第二节　绿色高效生产技术

一、选地整地

反季蚕豆生产基地应选择在海拔2 100m的冷凉地区，周围3 000m内无工业“三废”，避开汽车尾气、城市生活烟尘、粉尘污染。土壤性能好，沙、黏适中，耕层在25cm以上，pH值为5.5~7.5，有机质含量在2%以上，排灌方便，水源不受工矿企业排污影响的区域。产地环境质量指标符合NY/T 391—2000的规定。

整地施肥，开墒理沟集中销毁前作残渣，妥善处理农膜，清除杂草。土层深耕后，每亩撒施腐熟的优质农家肥1 500~2 000 kg、过磷酸钙25~30kg、硫酸钾8~10kg、尿素5kg作基肥，深翻入土，耙平地块，使土壤疏松细碎。缓坡地开墒理沟方向与坡向垂直；平地开墒则要视地块的大小在中间理“十”字沟、“井”字沟等，形成“沟沟相连、墒墒相间”。其中，沟宽30cm，沟深20cm，墒面宽1.7m。开墒理沟，既要利于水土保持，又要利于排水防涝。

田间管理注意查苗追肥。调查蚕豆长势，对于弱苗，应酌情施用N肥，每亩用5kg尿素对水泼浇；对于花蕾期长势不好的，适量追施P、K肥，每亩用5kg过磷酸钙和3kg硫酸钾对水泼浇，“以P增N、保K增产”，使茎秆健壮，枝叶茂盛，促进光合作用，稳荚壮籽。反季蚕豆田间杂草较正季蚕豆多而杂，药剂防治有局限性，造成用药品种多、剂量重的危害，与无害化生产背道而驰。为此，必须坚持在苗期进行1~2次中耕，疏松土壤，培实根基，疏通沟道，同时清锄杂草。保花增荚。通过去除蚕豆无效枝和打顶尖等技术，达到减少养分消耗，改变光合产物分配方向，保证由营养生长转入生殖生长阶段对养分的需求，减少花而不实现象，提高结荚结实率，增加产量。

二、播种

（一）种子处理

蚕豆播前应进行种子处理，包括精选、晒种、开水烫种、清水浸种等。播前整地时，适当进行深耕，增厚松土层，增加土壤通透性，可提高抗旱能力，减少病虫害。有的地方习惯上采用稻田种蚕豆，一般不进行翻耕。

（二）适期播种

选用适宜类型的品种在具体地区播种，播期适宜是保证种子的正常的生长发育，取得预期产量效果的前提。也可使蚕豆减轻病害。

（三）种植密度

合理的种植密度不仅可保证个体的正常生长发育，也可保证合理的群体结构和产量要素。这方面的试验和实践资料甚多。举例如下。

马镜娣等（2001）通过不同播期和密度对大粒蚕豆产量影响的研究，结果表明，在江苏沿江地区，以10月16日播种和1.8×10^5株/hm^2的产量最高，可达3 795 kg/hm^2。

随着大粒蚕豆播期的推迟，产量下降趋势明显，百粒重略有下降。随着密度的降低，产量下降趋势明显，百粒重略有升高。即适期早播和适宜的密度有利于提高大粒蚕豆的产量。

李永清等（2002）在甘肃省临夏高寒地区做了2000—2001年的蚕豆/马铃薯复合种植适宜密度试验。结果表明，蚕豆/马铃薯的产量与密度的大小有直接的关系。由于不同的种植密度，导致蚕豆/马铃薯的合计产量的差异。蚕豆2.7×10^5株/hm^2、马铃薯6×10^4株/hm^2的处理产量和产值最高，合计产量达8 021.3 kg/hm^2，产值达15 325.88元/hm^2，比对照（单种马铃薯密度6×10^4株/hm^2）产量增加26.2%，产值增加20.6%；蚕豆$3.3\times10^5 hm^2$，马铃薯6×10^4株/hm^2的处理，合计产量为1 667.1kg/hm^2，产值为14 575.64元/hm^2，比对照产量增加20.7%，产值增加14.7%。在不同密度试验中，蚕豆产量随密度增加而增加，马铃薯产量随密度增加而降低。蚕豆/马铃薯复合种植能够充分利用不同的播期和收获期的空间互补效应，发挥其各自的边行优势，以提高单位面积产量，增加经济收入。此种种植方式蚕豆、马铃薯的共栖期80d左右，生育期互相不遮阳，是一种高产高效的优化复合种植模式。试验结果表明，蚕豆/马铃薯复合种植的合理密度以蚕豆2.7×10^5～3.3×10^5株/hm^2、马铃薯6×10^4/hm^2组合的处理效果最佳，是粮薯双收的复合种植模式，适宜在临夏高寒阴湿地区推广种植。

何贤彪等（2010）试验证明，在浙江 11 月 17 日播种的迟播条件下，蚕豆播种以 3.75×10^4～4.5×10^4 穴/hm^2，每穴播种 2 粒为宜，鲜荚产量可达 9t/hm^2。

（四）播种方式

1. 点播

点播是常用的蚕豆播种方式。

长期以来，蚕豆被视为“懒庄稼”和不需要施肥料的作物。事实上，蚕豆的一生不仅需要补充各种元素，还需要采取相应的一系列管理和调控措施。近年来，各地在已有种植传统的基础上，大力发展蚕豆种植，面积增长很快。但是另一方面，又由于群众受固有观念的影响，农业部门的技术要求得不到很好的贯彻，势必影响到整个蚕豆种植的效果和产业发展。与其依然把蚕豆当“懒庄稼”种，不如加强宣传引导，让群众在适当增加投入的基础上，加强管护，争取较大幅度地提高产量，使之真正促农增收。

蚕豆忌连作，连作易使植株矮小，花荚减少，病害严重，产量降低。而蚕豆在 1～2 年内轮换种植 1 次，又能起到养地的作用。蚕豆与其他作物实行合理间套作和混播，可以有效提高土地利用率，收到很好的增产效果。蚕豆可与小麦、油菜、豌豆、蔬菜等作物间作，与玉米、蔬菜等作物套作，与绿肥混播，还可在各种园地的田边地角零星种植。蚕豆播前应进行种子处理，包括精选、晒种、开水烫种，清水浸种等。播前整地时，行深耕，增厚松土层，增加土壤通透性，可提高抗旱能力，减少病虫害。有的地方习惯上采用稻田种蚕豆一般不进行翻耕。另外，当前各地推行的蚕豆稻茬免耕栽培技术也不失为一种省工节本的轻型农业模式。采取这种方式播种的所谓稻茬胡豆，虽具有前期省力、省时的优势，但同时也存在后劲不足且不易进行追肥管理等弊端。各地可根据劳力投入等实际情况进行选择和采用。但不论采取何种栽培方式，都应做好开沟排水工作，降低地下水位，排出地表水，改变土壤结构，为蚕豆正常生长发育创造适宜的条件。稻田种蚕豆一般应理好背沟，开好主沟、十字沟、边沟，稍大些的田块应实行分厢，厢宽1.5~2.0m。

2. 育苗移栽

(1) 炼苗方法。室内生根培养25d左右，基部长出白色短根2~3cm时，将三角瓶从培养室内移出开始炼苗。炼苗采用闭口—开口炼苗法（用10瓶开口炼苗作对照），闭口炼苗12d，开口炼苗3d。

(2) 移栽方法。将经过炼苗的试管苗按照根系数量进行分级，然后移栽到装有蛭石的小花盆中，给移栽好的苗叶和花盆中喷清水，快速移入温室内的小塑料棚内，3d后将拱棚四周底部的塑料薄膜揭开1/3，以后逐日加大通风透气量，7d后全部揭开塑料薄膜。期间注意及时喷水，保持蛭石湿度，20~30d视天气情况，进行温室外炼苗，10~20d将苗（带蛭石）移栽大田。从第7d起，取10盆叶片为3叶、苗高5cm的苗，每隔3d记载叶片数量、苗高的变化（刘洋，2004）。

三、田间管理

(一) 按生育阶段管理

依不同生育阶段，确定栽培管理主攻方向，采取关键性管理措施。这是田间管理的原则。

根据蚕豆苗期生长特点，主要措施是壮根、长苗、促进花芽分化。

1. 苗期管理

（1）选择最佳节令，适时播种。春播地区播期选择有限高温时段，保证蚕豆充分生长发育和出苗时土壤墒情，秋播地区播期选择重点避开花荚期重霜为害和鼓粒期高温逼熟。

（2）精细整地，保证全苗。春播地区翻耕地 10～15cm，气候干燥、土壤含水量低的，种子要深播 10～15cm。

（3）中耕松土，助芽出苗。土壤板结或带烂泥播种或土块过大的要及时中耕松土，细垡帮助出苗。

（4）育苗补缺。可在播种时按计划加 10%左右播种量，主茎 3～5 个叶节带土移栽或集中育苗，缺苗补栽或移密补稀，移栽时要浇足定根水。

（5）覆盖追肥。出苗后增加覆盖物、秸秆、农肥，提高土温，减少蒸发，减少根病，增加土壤有机质。

（6）防治病虫害，加强病虫害预报。挑治蚜虫，早播田块防治斑潜蝇、锈病。

2. 蕾期管理

蚕豆蕾期生长发育特点是营养生长、生殖生长并进阶段的开始。一是根、茎、叶等营养器官不断增加，分枝出现高峰并向两极分化，强势分枝不断长高、长粗，弱势分枝不断死亡，植株长高，茎秆增粗。二是蕾等生殖器官不断形成和发育。

蕾期田间管理要点如下：

整枝定苗；稳施追肥，构建丰产基础；除草中耕；春播地区适时灌水；防治病虫害。

3. 花荚期管理

此期生长特点一是植株高度、茎秆生长速度最快时期；二是地上部分营养体迅速加大，进入大生长量时期，花、荚、粒形成，是器官间争夺同化物最剧烈时期；三是根系继续生长，花期根瘤固氮能力增强；四是花荚期蚕豆进入对光照、温度、水、肥条件敏感期。

蚕豆花荚期田间管理要点：

排渍和灌水；施好花荚肥，根外追肥。蚕豆开花结荚期需要大量养分，是需肥的高峰期；蚕豆打顶；防治病虫鼠害；中耕除草。

（二）整地

蚕豆是深根作物，根系发达入土深，宜选择排灌良好、疏松肥沃的土壤。北方春种区由于春旱比较严重，而且有充足的时间进行播前整地，最好耕 2 次，第一次耕深 15～20cm，第二次浅耕 7～10cm，并进行耙耱，使下层土壤紧密，上层土壤疏松，消灭杂草，减少土壤水分蒸发。南方水田种植蚕豆，要在水稻蜡熟初期开沟作畦排水，一般畦宽 1.5～2.5m，主沟深 30～50cm。

（三）播种

于播种前对蚕豆种子进行粒选，选择粒大饱满、无病无残的籽粒作种子。播种时间，南方秋播多在 10—11 月，北方播种多在 3—5 月初。播种密度，一般每公顷冬蚕豆单作，大粒种密度 1.5×10^5～1.95×10^5 株，小粒种密度 4×10^5 株左右；春蚕豆单作，大粒种为 1.8×10^5 株左右，小粒种 3.75×10^5～4.5×10^5 株。

（四）中耕除草

在蚕豆生长期中，需要多次中耕除草和必要的培土。冬蚕豆，第一次中耕需在苗高 7～10cm 时进行，中耕深度为 7～10cm，株间宜浅；第二次中耕需在苗高 15～20cm 时进行，中耕深度为 4～5cm，同时结合培土保温防冻；第三次中耕在入春后开花前进行，并在根部培土 7～8cm 以防倒伏。后期如杂草多，可拔草2次（郑殿升，2001）。

（五）科学施肥

1. 常规施肥

（1）肥料种类、施用时期和方法。关于肥料种类、施用时期和具体方法，是各种作物的共性问题，在此不多赘述。对于蚕豆，应注意肥料的合理施用，例如，徐东旭等（2008）在河北西北部蚕豆种植中，施N肥、P肥、N+P肥和不施肥对蚕豆植株的主要农艺性状均无显著性差异，但施肥有使茎枝节间伸长的趋势。施N、P肥均有抑制单个根瘤生长发育的趋势，单施N肥和P肥均可增加植株的根瘤数，蚕豆对N肥和P肥的吸收有一定的互补作用。其中，P肥可抑制单个根瘤生长发育，N肥可增加植株的根瘤数。结果表明，不同施肥处理对蚕豆植株的营养生长性状和产量性状均无极显著差异。试验还表明，施N肥、P肥均可抑制单个根瘤的生长发育，单施N肥和P肥均可增加植株的根瘤数，蚕豆对N和P的吸收有一定的互补作用。

叶文伟等（2012）做了施肥时间对冬季蚕豆产量与品质影响的试验。结果表明，在浙江省丽水市碧湖平原冬播蚕豆应重施基肥，施好年前肥。

（2）平衡施肥。蚕豆作为豆科植物，对于改良土壤肥力是相当有效的。但一直以来蚕豆种植一般都是广种薄收，在蚕豆整个生长过程中，不施用任何肥料，因此，蚕豆产量低，群众种植积极性不高。为探索肥料在蚕豆生产中的增产效果，提高群众种植蚕豆积极性，以期为当地群众增加收入，改善土壤结构和肥力状况，白应国等（2007）进行了蚕豆施肥试验表明，蚕豆种植中，施用肥料对产量影响大，施用肥料的小区产量普遍高于未施肥的，其中，以施用多元配方肥+硫酸镁混合肥效果最好，比不施肥的增产达极显著水平；比单施多元配方肥的增产达显著水平。其次对产量影响较大的是施用硫酸镁，比未施肥的增产达显著水平。肥料施用对蚕豆生育期没有影响，在进行下茬作物安排时不会影响正常时令。

通过N、P、K肥不同施用量的试验，得出蚕豆生产中N、P、K肥经济有效的施肥量是，施普钙450kg/hm^2、硫酸钾150~225kg/hm^2，不施或慎施N素肥料。为蚕豆生产提供了经济有效的施肥依据。蚕豆是云南省的传统优势特色农作物，播种面积在中国，甚至在世界上都是较大的，因此，提高蚕豆单产，增加蚕豆总产量，对确保粮食安全，拉动养殖业和加工业等行业的发展，提高国民经济收入具有重大的意义。提高蚕豆单产除选育优质、高产稳产的蚕豆新品种外，选用先进的栽培管理技术措施，特别是肥料的施用，也是一条重要的途径。在蚕豆生产中施肥历来容易被忽视，试验研究证明，施肥对蚕豆植株的生长发育、品质、单产以及商品性都有极其重要的作用。通过试验研究，提出经济有效的施肥标准，用于指导大面积蚕豆生产，使蚕豆产业成为农村产业结构调整中的一个重要的低耗、高效产业。蚕豆施用不同数量的尿素虽然都比不施的增产，但增产率较小，仅为0.90%~1.53%，且无显著差异。对各主要经济性状的影响也较小，与对照比较无显著差异。差异不显著的主要原因一是前作水稻生产为夺取高产，尿素施用量高，水稻只利用了部分的N，遗留在土壤中的N较多，使土壤中N的含量达到较高的状态；二是蚕豆本身具有固N作用，根系、根瘤菌较发达，具有较强的固N能力，从含N量较高的土壤中固定吸收在根瘤菌内的N已能满足蚕豆植株生长发育的需要。

N对蚕豆植株的生长发育非常重要，施N对蚕豆生长发育和产量的提高有一定的作用。但在农业生产水平较高的时代，前作施 N 水平较高，土壤中的 N 素含量已达到较高状态，从蚕豆植株固 N 特性和经济有效的角度分析，蚕豆生产中一般可以不施或慎施 N 素化肥。为使蚕豆植株健壮生长发育，最终达到蚕豆生产的高效、低耗的目的，最经济有效的施肥标准是施普钙 450kg/hm^2，硫酸钾 150~225kg/hm^2。

通过上述分析表明，N、P、K 肥料三要素对蚕豆植株的生长发育及最终产量影响非常大，是不可缺少的。但在当代高水平的农业生产时代，豆前作的 N 素化肥施用水平较高，土壤中遗留的 N 素可满足蚕豆生长发育所需，因此，可不施或慎施 N 肥，而 P、K 肥一定要施。通过蚕豆植株体内不同时期 N、P、K 三要素含量及其比例的测定分析，蚕豆对 N、P、K 的吸收前期高于后期。因此，P、K 肥要在播种后施，才能保证蚕豆植株充足的营养需求，达到植株健壮生长的目的。

蚕豆植株对 N、P、K 吸收量的大小一般表现为 N>K>P，其中，N/K_2O 比的高低对蚕豆的生长发育影响较大，N/K_2O 过高，导致 N、P、K 肥三要素比例失调，造成蚕豆缺 K 叶枯病的发生，最终使产量降低。因此，在蚕豆施肥上要因土壤而异，有机肥和 N、P、K 肥合理配合使用，以满足蚕豆生长发育对 N、P、K 肥三要素的吸收利用，保持平衡施肥才能确保蚕豆高产稳产。

（3）复合肥的应用。有机无机复合专用肥配比合理、营养全面、针对性强，并配有微量元素 B、Mo，能促进蚕豆开花结实，促进蚕豆增产增收。在施同等 N、P、K 有效养分总含量下，比进口复合肥增产 8.8%，比普通复合肥增产 5.6%。曹伟勤等（2003）试验结果是以基施 P 2.25t/hm^2的经济效益较高，以播种期或苗期穴施效果较好。由于蚕豆经济效益相对较高，农民盲目大量施用化肥，有机无机肥比例失调现象时有发生。不合理的施肥导致蚕豆长势旺、产量不高、品质下降、肥料利用率低下。同时不利于农业的发展。有机无机复合专用肥在蚕豆作物上施用，以基施 P 2.25t/hm^{2}的经济效益较高。有机无机复合专用肥在蚕豆作物上施用，以播种期或苗期穴施效果较好，能提高单株结荚数，提高产量。

（4）专用肥的应用。专用肥是以土壤测试和肥料田间试验为基础，根据作物需肥规律、土壤供肥性能和肥料效应，用各种单质肥料和复混肥料为原料，配制成的适合于特定区域、特定作物的肥料。田间蚕豆施用专用肥，从经济性状、产量上都表现出一定的优越性。姜秀清（2007）在青海省所做的试验表明，从经济性状上看，蚕豆株高增加 1.2~2.6cm，分枝数增加0.5~1.3个，有效分枝数增加 0.4~0.7 个，单株荚数增加2.8~3.6 个，实荚数增加 1.2~2.7 个，单株粒数增加3.6~4.8 个，单株粒重增加 2.5g，百粒重增加 0.1~5.1g。从产量上看，施用量 600kg/hm^2、525kg/hm^{2}较对照均有显著增产，增产率分别为 9.57%、8.72%，但两者之间没有显著差异。综合产量和经济效益，蚕豆专用肥施用量以 525kg/hm^{2}较为适宜，在生产中可以推广应用。蚕豆施用专用肥，从经济性状、产量上都表现出一定的优势。

（5）钾肥的施用。通过 K 肥对春蚕豆的效应研究结果表明，K 肥有促进蚕豆养分的有效分配、提高光合效率和蚕豆品质的作用。其中，在春蚕豆鼓荚期单施 K 肥能使蚕豆株高降低 5.7cm，百粒重增加 6.1g，产量提高 240.0kg/hm^2，增产率为 6.0%。N、P、K 肥配合施用时以播种时施 K 肥效果为佳，能使蚕豆株高降低 15.5cm，百粒重增加 17.8g，产量提高 616.7kg/hm^2，增产率达 13.0%。春蚕豆是甘肃临夏高寒阴湿区的主要粮食作物之一，占粮播面积的 20%以上，既是临夏的主要出口创汇产品，也是当地农民增加收入的重要来源。

张丽亚等（2010）在青海省互助县，在施 N、P 肥基础上进行蚕豆K肥用量试验。结果表明，施K处理与对照相比增产率为13.8%~39.6%；增施K肥后，蚕豆株高、分枝数、荚粒数、百粒重等农艺性状也表现出与产量结果一致的规律。

(6) 微量元素肥料（硼、钼）的施用。董玉明等（2003）研究结果表明，对蚕豆生物学产量及经济产量的作用表现为：B+Mo>B>Mo。植株生长在直观上表现为施B、Mo后叶色浓绿，植株生长旺盛。说明B、Mo元素在蚕豆的生长发育过程中有较大的作用，能有效地促进养分在蚕豆中的分配，提高光合效率，且B、Mo存在相互促进作用。蚕豆的某些生物学性状，如荚的大小、单株荚数、单株粒重、百粒重等是构成蚕豆产量的重要因子。蚕豆的产量和单株粒重、百粒重之间呈极显著正相关，与荚长、宽呈显著正相关，与株高、单株荚数呈一定的正相关，与有效分枝数呈正相关，但相关系数不大。通常认为，施肥能提高作物的生物学产量，增加干物质的积累，从而促进经济产量的提高。该试验表明，B、Mo（尤其是混施）对蚕豆生物学产量增加的促进作用比对蚕豆产量提高的促进作用更大。通过施B、Mo增加了蚕豆的生物学产量，尤其是促进了豆荚和豆粒的增大，从而提高了产量。蚕豆施B、Mo后促进了植株对N、P、K等大量元素的吸收，从而促进植株干物质积累、生长量增加，产量提高。有研究指出，B不直接参与植株的代谢，但B可以通过增强植株根系活力和营养物质的运输，间接地促进植株对营养物质的吸收和利用。Mo能提高根瘤固氮酶的活性，促进其固N和对N的利用。也就是说，B、Mo对蚕豆产量的影响和B、Mo对蚕豆营养代谢的促进作用有关，B、Mo的施用量要根据土壤肥力情况和土壤中B、Mo的含量来定。有试验表明，B、Mo过量会导致植株中毒，具体表现为叶片失水变成褐色。

该试验研究中的B、Mo用量是根据土壤中B、Mo量及其他研究报道而大致确定的，气候、肥水等因素可能也会影响B、Mo对蚕豆生长发育的作用，从而影响B、Mo施用的最佳剂量。

2. 根外追肥

以叶面施硼为例。

多年以来，蚕豆耕作粗放，品种混杂，是导致其产量低、品质差的主要原因之一，而缺B仍是限制蚕豆产量的重要因素之一。微量元素B参与蚕豆分生组织的分化，可促进花粉萌发，使花粉管迅速进入子房，保证种子形成，提高产量。SOD（超氧化物歧化酶）能清除体内超氧化物自由基，是植物体内第一个清除活性氧的关键酶。用不同浓度的硼酸溶液进行叶面喷施，幼苗期、现蕾期和开花期蚕豆叶片的SOD活性随着硼酸溶液浓度增大而增强，但当硼酸溶液浓度过高时SOD活性又略有下降。在幼苗期、现蕾期和开花期喷施0.05%硼酸溶液就有明显作用，喷施0.1%硼酸溶液浓度为最佳。于结荚期喷施硼酸溶液，蚕豆叶片的SOD活性几乎没有变化，说明叶面施B能增强蚕豆叶片SOD活性。但在结荚期处理蚕豆时，可能由于蚕豆生长发育已经基本完成，对SOD活性影响不大。

鲍思伟等（2005）做了叶面施B对蚕豆膜质过氧化作用及膜保护系统影响的试验。在幼苗期、现蕾期和开花期，喷施不同浓度的硼酸溶液对蚕豆叶片的MAD（丙二醛）含量都有明显的抑制作用，并且以0.1%~0.2%为最佳喷施浓度。但在结荚期施B效果不明显。MDA含量变化与O_2产生速率呈正相关，而与SOD活性和CAT（过氧化氢酶）活性呈负相关。说明MDA是膜脂过氧化的最终产物，只有蚕豆体内有一定浓度的SOD和CAT清除超氧化物自由基，才能减少丙二醛的产生，从而减少对膜脂的伤害。由于土壤中B元素含量不足，表现为蚕豆的膜脂过氧化作用较强，O_2产生速率和MDA含量较高，SOD 和 CAT 活性较低。经过叶面喷施硼酸溶液，SOD、CAT 活性增强，产生速率和 MDA 含量降低，说明叶面施硼能通过增强蚕豆叶片 SOD、CAT 等膜保护酶活性，增强活性氧的清除能力，降低 O_2 产生速率，减少 MAD 的产生，从而减少对膜脂的伤害，保护生物膜。试验结果还表明，喷施 0.1%~0.2%硼酸溶液是最佳浓度，且在开花期前喷施较为有效。

3. 蚕豆根瘤

根瘤菌与豆科植物形成的共生固 N 体系是生物固 N 中的重要组成部分，它对维持自然界的 N 素循环意义深远，在促进可持续农业发展中具有重要作用。蚕豆在中国种植历史悠久、地域广阔。蚕豆根瘤大而多，根瘤菌具有较强的固 N 能力。在生产实践中，利用蚕豆与禾本科粮食作物进行间套种植取得了良好效益。

（1）蚕豆根瘤的遗传多样性。路敏琦等（2007）采用数值分类等方法对分离自中国 11 个省的 50 株蚕豆根瘤菌及 11 株参比菌株进行了表型测定和遗传型研究，同时对 5 株蚕豆根瘤菌的代表菌株进行了 16S rDNA 全序列测定。表型测定的结果表明，在 80%的相似水平上供试菌株分为 4 个群，各群间存在地区交叉；16S rDNA PCR-RFLP 的聚类结果与数值分类的聚类结果有很好的一致性；IGSRFLP 反映的多样性更明显，形成的遗传群较多，可用于菌株间的鉴别。实验结果表明，中国蚕豆根瘤菌具有极大的表型多样性和遗传多样性。系统发育研究结果表明，蚕豆根瘤菌的代表菌株均位于快生根瘤菌属（*Rhizobium*）系统发育分支，与 *R.* 1*egumirosarum* USDA2370 的全序列相似性达 99.9%，说明蚕豆根瘤菌属于系豌豆根瘤菌的一个生物型。

环境条件对根瘤菌有着深刻影响，包括对根瘤菌的直接影响和通过影响宿主植物间接地影响根瘤菌的遗传多样性。区域环境条件的改变，既影响着宿主植物的生长，也改变了根瘤菌的生长条件，造成根瘤菌种群变化和数量的增减，因而在同一环境中出现了根瘤菌表型和遗传型的多样性。从各省和地区分离的蚕豆根瘤菌无论是表型分析还是遗传型分析都没有按照地理来源进行聚群。根瘤菌与豆科植物共生关系的建立是细菌、植物及环境 3 方相互作用的结果，而不只是细菌与植物间的相互对话。这就要求在今后根瘤菌接种剂的选种时要注意区域性，必须考虑当地的地理环境。只有适应当地的土壤条件且又有高 N 及竞争能力的豆科植物，根瘤菌共生体才能在该地发挥应有的作用。

（2）蚕豆根瘤菌的增产效应。王清湖等（19%）研究了接种根瘤菌和施 P 肥对蚕豆根瘤、植株生长和产量的影响。试验结果表明，接种瘤菌使蚕豆单株总瘤数、总瘤干重、茎、叶的含 N 量和产量分别提高了 89.5%、126.9%、25.99%、7.05%和 14.96%；在接菌的同时增施 P 肥获得了更好的效果，使上述指标分别提高 131.2%、224.0%、64.24%、35.55%和 21.47%。对提高甘肃省蚕豆产量具有良好的效果。

王平生等（2001）对春蚕豆根瘤菌生长动态及施肥增产效应进行了研究。结果表明：春蚕豆 4 叶期即在主根上出现粒状根瘤。盛花期根瘤数量、重量和固 N 量达到最大值。N 肥有促进春蚕豆植株养分的有效分配和提高光合效率与春蚕豆品质的作用。P、K 肥配施时以播种期施 N 肥效果最佳，单株荚数、粒数和百粒重分别较对照增加 1.4 个，2.1 粒和 5.3g，增产 8.8%。春蚕豆适时单施 N 肥后，能有效地促进植株养分的有效分配，提高光合效率和品质。试验研究结果表明，春蚕豆不同生育期单施 N 肥具有一定的增产作用，最佳施肥时期为初花期，此时追施 N 肥能促进养分的有效分配，提高光合效率，增强抗逆性，增加单株荚数、粒数，提高百粒重，从而提高春蚕豆的产量和品质。N 肥与 P、K 肥配合施用对春蚕豆具有明显的增产效应，尤以基施效果最佳。因此，在春蚕豆生产中，应在增施有机肥的基础上，提倡 N、P、K 肥配合基施。

房增国等（2009）通过田间试验，研究了不同施 N 水平下蚕豆接种根瘤菌 GS374 对蚕豆/玉米间作系统产量及蚕豆结瘤作用的影响。结果表明，不施 N 处理接种根瘤菌所获得的单作或间作系统产量与不接种但施 N 225kg/hm^2 的相应系统产量相当，且施 N 225kg/hm^2处理，接种仍能促进蚕豆的结瘤作用。统计分析表明，与不接种根瘤菌、蚕豆单作、不施 N 相比，接种、蚕豆/玉米间作、施 N 均极显著地提高了蚕豆生物学产量，但只有间作能显著增加其籽粒产量；施 N 显著增加玉米生物量和籽粒产量。施 N 225kg/hm^2后，蚕豆接种、间作对玉米生物量无显著影响；但不施 N 时蚕豆接种显著提高了与之间作的玉米籽粒和生物学产量。接种根瘤菌显著提高了不同 N 处理以籽粒产量为基础计算的土地当量比和不施 N 处理以生物学产量为基础计算的土地当量比。蚕豆接种根瘤菌与不接种相比，其单株根瘤数和根瘤干重均显著增加；间作与蚕豆单作相比对根瘤数的影响较小，但显著促进了蚕豆单株根瘤干重的增加。因此，本研究认为，豆科作物接种合适的根瘤菌，是进一步提高豆科/禾本科作物间作系统间作优势的又一重要途径。

（六）合理节水补灌

1. 调亏灌溉

据丁林等（2007）介绍和报道，调亏灌溉（Regulated Deficit Irrigation，RDI）是在 20 世纪 70 年代中后期出现的一种新的节水灌溉技术，是一种既具有经济效益又具有生态效益的灌溉方法，特别适用于水资源短缺或用水成本较高的地区。

其基本思想就是在作物生长发育的某些阶段主动施加一定的水分胁迫，从而影响光合同化产物向不同组织器官的分配，以调节作物的生长进程，达到节水高效、高产优质和提高水分利用效率的目的，是一种非充分灌溉技术。对于蚕豆的灌溉理论与技术已有学者进行过研究，但有关干旱区大田条件下蚕豆的灌溉理论与技术的研究报道还很少。试验旨在研究干旱区蚕豆在不同调亏灌溉处理下的产量、水分利用效率和经济效益，试图寻求蚕豆种植效益最佳时的土壤水分亏缺水平，为提高灌区农牧业生产效益，优化农业用水配置和水资源的有效利用提供理论依据和技术支持。通过大田试验，在甘肃省秦王川灌区研究了调亏灌溉下蚕豆的产量、水分利用效率和经济效益，发现在苗期或拔节期轻度缺水条件下（土壤含水率为田间持水量的60%~65%），比充分灌溉条件下（土壤含水率为田间持水量的70%~75%）蚕豆增产14.05%和9.09%，节水10.92%和4.14%，经济效益提高16.16%和21.94%。因此认为，苗期或拔节期轻度水分亏缺是蚕豆调亏灌溉的适宜调亏时期和适宜调亏程度。一定生育阶段、一定程度的水分亏缺可使禾谷类作物在节约大量用水的同时获得较高产量。

另有试验研究表明，适时适度的调亏灌溉可以不减少或增加产量。但是调亏灌溉在生产中有一定风险性，某些作物在某些生育时期轻度水分亏缺即可造成大幅度减产，因此，确定作物适宜水分亏缺程度和适宜生育期是正确实施调亏灌溉的关键所在。蚕豆是经济效益较高的作物，其籽粒营养丰富，属于高蛋白低脂肪作物，是一种重要的植物蛋白资源，在饲料和加工原料方面有广泛的用途。另外，蚕豆的根瘤菌具有固N作用，可培肥地力，对种植区土壤改良具有积极作用。在灌区未来的发展中，通过调整作物种植比例，增大油料、杂粮、豆类种植面积，对灌区农业可持续发展将会起到积极的作用。通过对调亏灌溉条件下蚕豆的产量、水分利用效率和经济效益的综合研究，发现在苗期或拔节期轻度干旱，即土壤含水率为60%~65%时，与充分灌溉条件相比蚕豆可增产14.05%和9.09%，经济效益提高16.16%和21.94%，水分利用效率提高22.81%和19.30%，而耗水量却减少了580m^3/hm^{2}和220m^3/hm^2。因此，苗期或拔节期轻度水分亏缺是蚕豆调亏灌溉的适宜调亏时期和适宜调亏程度。

2. 节水补灌方式

降水利用率低，有限的降水资源不能得到充分利用。近年来，集水补灌技术在国内外越来越受到关注。通过工程措施收集多余的自然降水，在干旱季节进行补灌。结合节水补灌、地膜覆盖、沟垄耕作等措施研究其对豆类生产的影响，以达到节水、增产的目的。补灌可及时补充花期所需要的水分，显著延长花期，其中，尤以覆膜处理补灌效果更好。覆膜显著提高了产量，补灌后，豆产品的产量也有提高，但对产量的贡献不如覆膜。

第三节　病虫害绿色防控

一、病虫草害的防治与防除

(一) 主要病害

1. 种类

蚕豆常见病害有蚕豆赤斑病、蚕豆褐斑病、蚕豆锈病、蚕豆枯萎病、蚕豆根腐病、蚕豆立枯病、蚕豆茎基腐病等。

2. 防治措施

(1) 农业防治。有条件的地方可实施轮作，如能达到3

年以上轮作对于为害最严重的蚕豆镰刀菌病害将起到很好的预防作用，但不要与豆科、茄科植物轮作。田园清洁也是防治蚕豆病害的关键措施之一。收获蚕豆后，应把田间植株收集烧毁，可有效减少蚕豆病害的传播机会。田间管理措施主要是注意肥水的管理，增施K肥可促进植株生长健壮，提高抗病力。适当密植有利于通风透光。

(2) 药剂防治。为害叶片的蚕豆赤斑病、蚕豆锈病、蚕豆褐斑病在发病初期可喷洒0.5%倍量式波尔多液，每隔10d一次，连续2~3次。防治锈病还可喷洒0.3~0.4°Bé石灰硫黄合剂。化学药剂可选择30%复方多菌灵胶悬剂1 125~1 500g/hm^2，50%灵可湿性粉剂1 500g/hm^2，70%甲基托布津可湿性粉剂1 500g/hm^2，用药时间间隔5~7d。或达科宁40%悬浮剂600~700倍液，每10d左右用药一次。蚕豆镰刀菌病害的防治主要依靠农业技术防治措施，药剂防治方面可采取多菌灵、托布津药剂拌种方法。发生面积少且处于苗期时可用根部灌药的方法，用50%多菌灵可湿性粉剂400~500倍液，7d后视防治情况可再浇灌一次药剂。

(二) 主要害虫

蚕豆黑潜蝇、蚕豆象、蚜虫、蛴螬等。

1. 蚕豆黑潜蝇

(1) 形态、生活习性和为害。成虫体小，头部棕黑色，胸部黑色发亮，腹部黑色，在阳光下发出蓝黑色或金绿色光泽。活动隐蔽。在甘肃省张掖地区一年发生一代。以蛹在寄主蚕豆的髓部越冬，5月上旬开始羽化。成虫在风雨天或有露的早晚爬在植株上的避风处不动，有趋光性。雌成虫以腹部末端尖韧而骨化的产卵器刺破幼嫩叶片表皮后舔吸流出的汁液。卵多产在寄主上部嫩茎组织中，少数产在叶柄里，散产。初孵幼虫乳白色，老熟后略带橙黄色，体长 4~5mm。幼虫孵化后蛀入髓部，由上向下蛀食，形成隧道，道上有虫粪。蛹圆筒形，长 3~4mm，初为橙黄色，后变为黄褐色，多数在离地面 10cm 至地下 3cm 的茎或根的髓部越冬。

黑潜蝇的幼虫潜蛀蚕豆茎秆的髓部，受害轻时 30%左右植株受害，严重时 70%~100%的植株受害。受害植株结荚数减少，百粒重下降，产量降低。

(2) 防治方法。成虫出现后，用 50%杀螟松乳油 50mL，对水 30L 喷洒，5 月下旬、6 月上旬各喷 1 次，既灭成虫，又可杀死嫩组织中的幼虫。收获干豆时要连根拔株，并将带有蛹的根茬深埋到 20cm 的土层中。春季捡净根茬，能减少为害。

2. 蚕豆象

(1) 形态、生活习性和为害。蚕豆象易与豌豆象混淆。它们之间最主要的区别是：蚕豆象的成虫两鞘翅会合处的白色毛斑呈“AA”形，臀板上没有明显的黑色毛斑。卵黄白色。幼虫背部有一条红褐色背线。

蚕豆象 1 年发生一代，成虫在仓库角落或包装物的缝隙内越冬，少数在残株、野草或砖石下越冬，春天转到蚕豆田间取食。只有取食蚕豆花后才能正常交配产卵，卵散产在 10~30d 的嫩荚上，或产在花萼、花瓣上。初孵幼虫即蛀入豆荚，侵入嫩豆为害。幼虫经 70~100d 在豆粒内化蛹。大多数成虫随豆粒进入仓内越冬，少数成虫在蚕豆收获前已羽化，爬出豆粒，飞向田间，于越冬场所越冬。

仅为害蚕豆。是为害最严重的一种害虫。蚕豆象寄主单一，以幼虫为害嫩豆粒，在籽粒下形成一个大窟窿。损失率可高达 37%，不仅产量损失严重，而且豆粒伴有异味，人吃了有害健康。

(2) 防治方法。在结荚期喷施 80%敌敌畏 1 000 倍液，或

50%马拉硫磷乳油 1 000 倍液，或 90%晶体敌百虫 1 000 倍液等。幼虫羽化后能继续蔓延，不仅为害贮藏中的种子，而且成为下一种植季节的虫源。因此，种子收获后 15d 内应进行种子处理，杀死幼虫。常用的处理方法是用氯化苦熏蒸，此法可用于大批量种子处理。少量的种子可用开水烫种 20~30s。烫的过程中不断搅拌，之后用冷水冷却。处理前种子必须晒干。

3. 蚜虫

（1）形态、生活习性和为害。蚜虫亦称腻虫，种类繁多。在蚕豆上发生的蚜虫主要是苜蓿蚜。

有翅胎生雌蚜黑绿色，触角第 3 节有 5~7 个感觉圈。它们都带有光泽，腹管较长，末端黑色。

在南方无越冬现象。冬季在紫云英、豌豆上取食。每年 5—6 月及 10—11 月发生较多。在 24~26℃，相对湿度 60%~70%时，4~6d 即可繁殖一代，每头无翅胎生雌蚜可产若蚜 100 多头。

蚜虫除吸食植物汁液，对植物直接造成为害外，还可传播病毒，引起花叶病。如不及时防治，危害性很大。成虫和若虫刺吸嫩叶、嫩茎、花及豆荚的汁液，使叶片卷缩发黄，嫩荚变黄色，严重时影响植株和豆荚生长，造成减产。

（2）防治方法。可喷洒灭杀毙（21%增效氯、马乳油）4 000~6 000 倍液，或 50%辟蚜雾可湿性粉剂 2 000 倍液，或 27%皂家烟碱乳油 300~400 倍液，或蚜克星 1 000 倍液。

4. 蛴螬

（1）形态、生活习性和为害。蛴螬的俗名叫白地蚕、蛭虫、土蚕、地蚕等，是鞘翅目金龟甲科幼虫的总称。其成虫通称金龟子，金龟子的俗名叫铜克郎、金克郎、屎克郎、瞎撞子等。

大黑鳃金龟子在中国各地多为两年发生一代，以成虫或幼虫越冬。成虫在土下30~50cm处越冬。到4月中下旬地温上升到14℃以上时，开始出土活动，5月中下旬是盛发期，9月上旬为终见期。5月下旬在6~12cm的表土层里产卵，6月中下旬为产卵盛期，6月中旬开始出现初孵蛴螬，7月中旬是孵化盛期，10月中下旬幼虫入土55~100cm深处越冬。翌春，土壤解冻就开始上升，当地温达10℃以上时，即可上升到耕作层，开始为害蔬菜幼苗。7月中旬到9月中旬老熟幼虫在地下做土室化蛹，约20d羽化为成虫。成虫当年不出土，在土室里越冬，翌年4月开始出土。成虫历期300d，卵期15~22d，幼虫期340~400d，蛹期20d。成虫白天潜伏，黄昏开始活动，20~23时为取食、交配活动盛期，午夜后陆续入土潜伏。成虫有假死性和趋光性，对黑光灯趋性尤强。成虫产卵在作物的表土中，常是7~10粒一堆，共产百粒左右。幼虫也有假死性。暗黑鳃金龟子的发生规律与大黑鳃金龟子的发生相似。

幼虫和成虫的发生与气候条件的关系极为密切。金龟子在大风大雨或大雨后不出土，3级风以上活动较少，气温在20~23℃以下时不活跃。大黑鳃金龟子在24~26℃时繁殖力最强，铜绿金龟子在25.7℃以上，无雨，风力2级以下，成虫活动力最强。在29.2~32.5℃以上活动减少。

蛴螬终年栖息于土中，土壤温度的变化是影响其生长发育的重要因素。蛴螬常因温度的变化而在土中作上下的垂直迁移。一年中蛴螬活动的最适地温为13~18℃，超过23℃时，即逐渐下移，秋季地温降至9℃时，则明显向土壤深处移动，至5℃以下就完全越冬，翌春地温在13℃以上时，又开始活动。

土壤湿度对蛴螬的影响更大，土壤含水量以15%~20%为宜。土壤含水量高于20%或低于10%时，即使温度适宜，幼虫仍不活动，而是向深层土壤移动。当土壤水分充足时，蛴螬生长发育良好，死亡率低。所以，在阴天下雨的情况下，特别是小雨连绵的天气中，表土湿度大，对蛴螬的活动有利，为害严重。因此，在低洼地、水浇地及雨水充足的旱地上，蛴螬的发生严重。如果土壤过干，则卵不能孵化，幼虫易于死亡，成虫的繁殖力和生活力也受到影响。土壤过湿也会影响蛴螬的活动和发育。当幼虫体长在15mm以下时，受土壤湿度的影响最为显著，此时土壤干或过湿均易死亡。当幼虫体长超过20mm后，适应力就大大增强。卵和蛹期的土壤适宜含水量为10%~30%，若含水量超过35%，卵就会发生腐烂而不能孵化。

土壤质地和有机质含量等土壤条件对金龟子的产卵和幼虫的活动均有影响。蛴螬多发生在保水性较强的壤土、粉沙黏土及轻沙壤土中。沙质土壤中发生较少。大黑鳃金龟子的适应性较强，即使在偏沙性的土壤中，虫口密度仍较大。土壤中有机质含量高有利于蛴螬的发生。成虫喜产卵在有机质多、施厩肥多的田块。这种田块，土壤的理化性状优良，土质疏松，保水力强，地温高，有利于蛴螬生活。同时，厩肥也是蛴螬幼时的食物。因而，在肥沃、有机质多、干湿适中的地中发生较多。

作物的前茬种类对蛴螬的发生关系密切。通常前茬为豆类和玉米的田块发生较重。主要原因是金龟子喜食大豆叶，加上豆株长势旺盛，适宜成虫隐蔽，并就地产卵，初孵化的幼虫也可得到丰富的食料，所以，豆茬地蛴螬发生严重。成虫对谷子的嗜好程度较差，加之谷根硬化快而分蘖少，不利于幼虫取食，所以，不能诱集大量成虫产卵。

蛴螬在国内分布很广，各地均有发生，但以北方发生较普遍。蛴螬的食性很杂，是多食性害虫，能够为害多种蔬菜、粮食作物。蛴螬主要在地下为害，咬断幼苗根茎，切口整齐，造成幼苗枯死，或蛀食块根、块茎，造成孔洞，使作物生长衰弱，影响产量和品质。同时，被蛴螬造成的伤口有利于病菌的侵入，诱发其他病害。成虫金龟子主要取食植物上部的叶片，有的还为害花和果实。为害蔬菜蛴螬的种类很多。常见的有大黑鳃金龟子、暗黑鳃金龟子、铜绿丽金龟子等。其中，以东北大黑鳃金龟子发生最普遍严重。

（2）防治方法。加强预测预报。蛴螬的生活周期很长，长期生活于地下，数量变动较稳定。因此，通过调查，就可以准确地预报出发生的数量和为害程度，从而为有计划、有步骤及时地防治打下基础。预测预报的方法是在10 000m^2的面积内，选2~3点。每点1m^2，掘地深30~70cm，仔细寻找幼虫。1头/m^2虫时为轻度发生，3头/m^2以上时为严重发生。

秋季或春季深翻地，可将一部分成虫或幼虫翻至地表，使其冻死、风干或被天敌捕食、寄生以及被机械杀伤，从而增加害虫的死亡率。一般可降低虫量15%~30%。多施腐熟的有机肥料，可改良土壤的结构，改善通透性状、提供微生物活动的良好条件，能促进蔬菜根系健壮发育，从而增强作物的抗虫性。化肥中，碳酸氢铵、腐殖酸铵、氨水等含氨肥料，施用后，能散发出有刺激性气味的氨气，对害虫有一定的驱避作用。

前茬勿用大豆茬，可减轻蛴螬的为害。

在成虫盛发期可用90%敌百虫的800~1 000倍液喷雾；或用90%敌百虫，每亩面积用药100~150g，加少量水后拌细土15~20kg制成毒土撒在地面，再结合耙地，使毒土与土壤混合，以此杀死成虫。用50%辛硫磷乳油拌种可以消灭幼虫。用药、水、种子的比例为1∶50∶600。先将药加水，再将药液喷在种子上，并搅拌均匀，然后用塑料薄膜包好，闷种3~4h。中间翻动1~2次，待种子把药液吸干后即可播种。用杀成虫的方法制成毒土，在播种时，均匀撒在播种沟内，上再覆一层薄土以防对种子发生药害，此法可消灭幼虫。

在蛴螬已发生为害且虫量较大时，可利用药液灌根。一般用90%敌百虫500倍液，或50%辛硫磷乳油800倍液，或25%西维因可湿性粉剂800倍液。每株灌150~250g，可杀死根际幼虫。

在成虫盛发期，每30 000m^2菜田，用40W黑光灯一盏，距地面30cm，灯下设盆，盆内放水及少量煤油。晚间开灯，可诱成虫入水淹死。人工捕杀，翻地时，人工拾虫杀之；苗期发现为害，可检查残株附近，捕杀幼虫；对成虫可利用其假死性，在比较集中的作物上进行人工捕杀（宋元林，2001）。

（三）主要杂草

1. 种类

以阔叶草为优势种群。主要恶性杂草为茜草科的猪殃殃，玄参科的婆婆纳，石竹科的卷耳、繁缕，菊科的刺儿菜、蒲公英，十字花科的荠菜，禾本科的早熟禾等。

2. 防除措施

（1）农业防除。合理轮作，可有效降低杂草发生基数。加强田间管理，合理施肥，促苗控草。及时中耕松土，可降低杂草发生数量。

（2）化学防除。应采取复配除草剂进行土壤处理，严格掌握用药及加水剂量，均匀喷雾，既可有效控制生育期杂草为害，又可达到增产增收目的。

二、化学调控技术的应用

（一）甲醇和抗坏血酸对蚕豆衰老的影响

刘亚丽（2006）在土壤肥力及体积相同的盆中培养蚕豆幼苗，分别用浓度1.5%甲醇、10mmol/L抗坏血酸（维生素

C）和自来水（CK）喷洒，5d 后测定正在扩张生长期叶片中叶绿素总含量、叶绿素 a 与叶绿素 b 含量及其比值、过氧化物酶（POD）、超氧化物歧化酶（SOD）的活性。结果表明，经甲醇、维生素 C 处理的蚕豆叶片叶绿素总含量高、chla/b 比值大，甲醇处理的 POD 活性大于维生素 C 与 CK；维生素 C 处理的 SOD 活性大于甲醇与 CK。

（二）壳聚糖处理

壳聚糖〔（1，4）2-氨基-2-脱氧-B-D-吡喃葡聚糖〕是一种具有多种生物活性的天然高分子聚合物。目前，对于壳聚糖作为作物抗病剂、种子处理剂、植物生长调节剂、土壤改良剂方面的应用研究报道较多也较深入，而对于将其用于生物固 N 辅助添加剂来使用的研究却很少，特别是壳聚糖对共生固 N 作用的影响在国内的研究仍然是空白。壳聚糖同土壤微生物的生长繁殖之间存在十分紧密的联系，特别是对自生固 N 菌有一定效果。

吴云等（2005）采用盆栽实验和实验分析相结合的方法，观察壳聚糖对蚕豆共生固 N 体系的影响。结果表明，经壳聚糖溶液处理的蚕豆植株其盛花期根瘤数量明显多于空白；经壳聚糖溶液处理的蚕豆植株固 N 酶活性明显好于空白；处理后其植株生物量的差异不大。壳聚糖处理对蚕豆植株结瘤状况的影响，随着壳聚糖浓度的增大其促生长效果更加明显。从平均根瘤重量来看，其差异并不明显，可以推断壳聚糖处理导致根瘤产生突变性生长的可能性不大。壳聚糖处理对蚕豆根瘤固 N 酶活性的影响，在土壤种植条件相同和壳聚糖处理浓度相同的情况下，蚕豆植株的固 N 酶活性情况，说明在土壤种植条件相同的情况下，高浓度处理过的根瘤固 N 酶活性更高，而在处理浓度相同的情况下，则仍然是碱性紫色土中根瘤固 N 酶活性更高。

（三）间甲酚对不同供水条件下小麦蚕豆的化感作用

杨彩红等（2007）通过盆栽试验研究了 3 个供水水平下，小麦根系分泌物间甲酚对小麦、蚕豆产量和物质分配规律的影响。结果表明，在 75%和 60%的供水水平下，间甲酚对小麦产量具有明显的降低作用，但在 45%供水水平下对小麦经济产量和收获指数表现为提高作用，供水与间甲酚对小麦产量产生的互作效应显著；浓度为 300×10^{6}mol/kg 土的间甲酚，在 75%的供水水平下可提高蚕豆的产量，供水水平降低时蚕豆产量显著降低。间甲酚对小麦、蚕豆的根冠比均有不同程度的增大作用；间甲酚作用下，小麦干物质在根系中的分配比例随供水水平的降低而降低，无间甲酚时干物质在根系中的分配比例随供水量的减少而增大，蚕豆干物质在根冠中的分配随供水量的变化不受间甲酚的影响。在 75%和 60%供水处理中，间甲酚使小麦叶片干物重比例增大、穗干物重比例降低；75%的供水条件下，间甲酚有利于蚕豆叶片光合产物的输出，提高蚕豆的经济产量，供水量降低时间甲酚不利于蚕豆光合产物向经济器官的转移。

植物的化感作用受光照、水分、养分和土壤环境条件的显著影响。化感作用在逆境中表现得更为强烈，不同供水水平下，间甲酚对小麦、蚕豆产生的化感效应表明，在 75%和 60%供水水平下，间甲酚对小麦表现为明显的化感负效应，两个供水水平下的差异不显著；45%供水水平下，间甲酚对小麦生物产量表现为负效应，但对经济产量和经济系数表现为促进作用，该水平下的化感效应与另两个供水水平下的化感效应差异显著。间甲酚对蚕豆产生的化感效应均不显著。化感物质对不同受体产生的化感作用不同，在 75%供水水平下，间甲酚对蚕豆产量表现为正效应，且蚕豆生物产量和经济产量受间甲酚的化感作用与小麦之间的差异显著。

由此说明，间甲酚对小麦和蚕豆产生化感作用的界限浓度不同，是一种自毒作用大于他感作用的化感物质。间甲酚在75%的供水水平下，提高了蚕豆叶片干物质的输出量，提高了籽粒产量，表明通过提高供水水平可降低间甲酚对蚕豆的化感作用界限浓度，使其产生利于蚕豆生长的生物学效应。同种化感物质在不同供水水平下对不同作物光合产物分配产生的这一现象可作为农业生产中利用化感效应的一种途径进行深入研究。

第四节　收　获

一、成熟和收获标准

蚕豆处于乳熟末期，全株荚果有2/3转褐色，植株含水量为7.4%，荚含水量为61.8%。此时荚果中养分已基本转移到种子内，籽粒灌浆已停止，干物质不再增加；籽粒内蛋白质含量和种子发育率都较高，品质较好。故此时为蚕豆收获适期。

二、收获时期和方法

蚕豆收获后摘荚和带茎两种后熟方法对增加蚕豆粒重、提高产量的效能相似，但发芽率以摘荚的略高，发芽势亦较强，故收获方法以采用简便易行的摘荚后熟较好。副处理为后熟方法，分摘荚和带茎拔起，两者均后熟到荚全部变黑后脱粒。

第十七章　豇豆绿色高效生产技术

第一节　概　述

普通豇豆在中国分布很广，植株多为蔓性型。荚长 8～22cm，嫩荚时直立上举，种子多为肾形，全国各地均有分布，普通豇豆也有部分作为菜用栽培。

第二节　绿色高效生产技术

一、播前准备

豇豆不宜连作，前茬宜选择白菜、葱、蒜或选择 2～3 年未种过豆类作物的田块种植，最好是冬闲地。早耕深翻，促土壤熟化，一般每公顷施腐熟的堆厩肥 45 000kg、磷酸钙 450～600kg、草木灰或糠灰 750～1 125kg 或硫酸钾 150～300kg 作基肥。酸性土壤应适当施石灰，然后做成高畦，畦宽 133cm（连沟）。并开好深沟，以利排水，防止涝害。

二、播种

豇豆可直播，也可育苗移栽。豇豆的播种期应根据品种特性和当地气候条件而定。春播均在断霜前，10cm 土层地温稳定在 10℃时播种。华南地区播种季节更长。2—9 月分期播种均可。若应用地膜覆盖则可适当提前10d左右。秋播宜在早霜来临前110~120d进行播种。每畦播种或定植两行，行距40~50cm，穴距25~30cm。晚熟种分枝强，穴距加大为30~33cm，每穴播种量少则3~4粒，多则4~5粒，每公顷苗数可保持在19.5万株左右。播种深度3~4cm，覆土2~3cm，每公顷用种量30~37.5kg。出苗后每穴间苗至双苗。若是育苗，比直播要早10~15d播种。当第一对初生真叶至第一片复叶展开时为定植适期，苗龄20~25d为宜。定植深度以把纸钵埋没土中为度，定植时要浇定植水。

三、田间管理

(一) 查苗补苗

当第一对初生叶出现时，就应到田间逐畦查苗补苗。补栽的苗在温室大棚内提早3~4d播种，育好苗。若育苗移栽，则应在缓苗后进行补苗。

(二) 中耕松土

直播时苗出齐或定植缓苗后每隔7~10d进行一次中耕，松土保墒，蹲苗促根，伸蔓后停止中耕。

(三) 浇水追肥

豇豆前期不宜多施肥，以防止肥水过多而引起徒长。一般在活棵后浇一次粪水。现蕾开花和始收后则要加强肥水供应，一般追肥2~3次，每次每公顷施人畜粪尿11 250~15 000kg。如因多雨不能浇粪时，可在行距中间穴施尿素75~150kg。秋季栽培的则一促到底。

(四) 插架引蔓、整枝打杈

植株吐藤时，就要插架。用“人”字形架。架高2~2.5m，距植株基部10~15cm，每穴插一根，深15~20cm，每两架相交，从中上部4/5的交叉处放上横竿并扎紧。豇豆引蔓上架一般在晴天中午或下午进行，不要在露水未干时或雨中进行，避免蔓叶折断。引蔓要按逆时针方向进行。

豇豆整枝方法：一是基部抹芽，主蔓第一花序以下各节位的侧牙一律抹掉，促进开花。二是第一花序以上所生弱小叶芽全部摘除，促进同节位的花芽生长，所有侧枝应及早摘心，仅留1~3个节形成花序。三是打顶，当主蔓长2m以上时打顶，以便控制生长，促副花芽的形成，同时也利于采收。

第三节　病虫害绿色防控

一、主要害虫

1. 豆野螟

以幼虫蛀食豇豆的花蕾和豆荚。初孵幼虫先钻进花朵内取食花药与子房，花朵受害后枯黄腐烂，造成落花落蕾。幼虫长大后若蛀食早期豆类，则造成落荚；若蛀食后期豆荚，则种子被食，蛀孔堆有腐烂状的绿色粪便。

防治方法：冬季深翻晒土可杀幼虫和蛹。用90%敌百虫800~1 000倍液或20%杀灭菊酯3 000~4 000倍液，在植株现蕾以后每隔3~4d喷1次，连喷2~3次。

2. 蚜虫

主要寄主有蚕豆、豇豆，吸取汁液，引起植株生长势减弱，严重时停止生长，还同时会传播病毒病。

防治方法：以药剂防治为主，常用药剂有40%乐果乳油1 500倍液，10%吡虫啉可湿性粉剂1 000倍液，或50%辟蚜雾3 000倍液，连喷2~3次。

二、主要病害

1. 煤霉病（叶斑病）

真菌病害。主要为害叶片。发病初期，在叶子上产生紫褐色或赤色小斑点，以后扩大近圆形，颜色褐色。湿度大时，病斑背面长出灰黑色霉，严重时造成早期落叶，结荚减少。高温多雨时发病重，管理差、重茬地发病重。

防治方法：实行轮作，增施磷钾肥，减少病原。发病初期喷50%多菌灵可湿性粉剂600倍液或70%代森锰锌可湿性粉剂400~500倍液，每隔7~10d喷施1次，连喷2~3次。

2. 炭疽病

炭疽病是真菌性病害。温暖、高湿、多雨、多雾、多露的环境条件有利于发病。重茬、低洼、栽植过密、黏土地、管理粗放者，发病严重。

防治方法：实行轮作，种子消毒，增施磷钾肥。发病初期用1∶1∶200波尔多液，或50%多菌灵，或80%代森锌可湿性粉剂800倍液，或炭枯宁800倍液，或25%施保克1 000倍液，每隔5~7d喷1次，连喷2~3次。

3. 锈病

主要为害叶片、茎和荚，以叶片受害最重。高温、高湿发病严重。露水多的天气蔓延迅速。

防治方法：轮作倒茬。发病后用25%粉锈宁2 000倍液或40%敌唑酮4 000倍液，20d喷1次，连喷2~3次。

第四节　收　获

春播豇豆开花后5~10d始收，夏播豇豆花后6~8d开始采收。采收应在嫩荚充分饱满、种子刚刚显露时进行。

采收时按住豆荚基部，轻轻向左向右扭动，然后摘下或在豆荚基部 1cm 处折断采下，注意不要损伤花序上的其他花朵，更不能连花柄一起摘下。

第十八章　黑豆绿色高效生产技术

第一节　概　述

中国各地都有黑豆生产。我国黑豆资源丰富，类型多种多样，有些名贵的黑豆品种至今尚在生产上利用，如江苏的泰兴黑豆，属长江流域早熟春大豆，表现早熟、高产、适应性强，至今仍是国家大豆区域试验南方早熟春豆组的对照品种。

第二节　绿色高效生产技术

一、选地与选茬，合理轮作

黑豆忌涝喜干爽，应选择排水良好的旱地或水田种植。要选择地势平坦、耕层深厚、土壤肥力较高、经过伏秋翻或耙茬深松整地的地块，前茬以玉米、马铃薯为主，不重茬，不迎茬。

二、选用优良品种及处理

（一）选用良种

在高产黑豆生产上，应该杜绝使用自留种，更不要盲目引种，要应用种子部门新繁育的良种。农户在选用黑豆品种时，应从自己的实际情况出发，选择高产、优质、抗病品种。

（二）种子处理

1. 种子精选

待播的种子要进行精选，选后的种子要求大小整齐一致，无病粒，净度 98%以上，发芽率 95%以上，含水量不高于 12%，力求播一粒，出一棵苗。

2. 晒种

为提高种子发芽率和发芽势，播种前应将种子晒 2～3d。晒种时应薄铺勤翻，防止中午强光暴晒，造成种皮破裂而导致病菌浸染。

3. 拌种

为防治黑豆根腐病、霜霉病等，用福美双或 50%克菌丹可湿性粉剂以种子量的 4%进行药剂拌种，防蛴螬、蝼蛄、金针虫等地下害虫；也可用大豆专用种衣剂包衣，防治黑豆病虫害。

三、依据地力，合理配方，分层施肥

施肥是保证黑豆高产的关键性措施，目前生产上均以化肥增产为主，长期以来，造成土壤腐殖质不断下降，保水保肥能力降低，土壤板结，不利于黑豆生长和发育。为了长期高产必须结合耕翻土地大量施入有机肥，培肥土壤，恢复地力，做到有机肥和化肥配施。

1. 增施有机肥

有机肥营养全面，分解缓慢，肥效持久，能充分满足黑豆全生育期，特别是生育后期对养分的需求，是黑豆高产的基础。

施肥方法：秋季翻地前每亩施腐熟好的人畜粪便 2t 以上，

结合整地作底肥一次施入。

2. 化肥施用

测土平衡施肥，氮、磷、钾和微量元素合理搭配。化肥作种肥，每公顷施肥量按纯氮 18~27kg、五氧化二磷 46~69kg、氧化钾 20~30kg，施于种下 4~5cm 处，或分层施于种下 7~14cm 处。追肥：根际追肥。在黑豆生长较弱时，二遍地铲后趟前追施氮肥，每公顷追施尿素 45~75kg，追肥后立即培土；叶面追肥，黑豆前期长势较弱时，在黑豆初花期每公顷用尿素 5~10kg 加磷酸二氢钾 1.5kg 溶于 500kg 水中喷施，并根据需要加入微量元素肥料。

四、精量播种

（一）播种期

黑豆播种时期早晚与产量有很大关系。播种过早，由于土壤温度低对出苗不利，会造成烂种而缺苗；播种过晚，虽然出苗快，但幼苗和根系生长都快，苗不壮，易造成徒长。黑豆最适播种期应根据当时温度、土壤墒情而定。一般以土壤 5cm 耕层地温稳定通过 8~10℃，土壤含水量在 20%~22%时为适宜播种期。播种期可从 4 月末至 5 月上旬，早熟品种可适当晚播，晚熟品种可适当早播。

（二）种植密度

黑豆合理密植总的原则是肥地宜稀，薄地宜密；分枝多的晚熟品种宜稀，株型收敛分枝少的早熟品种宜密的原则。因地力、品种特性确定合理密度。一般亩保苗 1.2 万~1.8 万株。

（三）播种方法

播种的技术要点是：秋季或春季起垄时，垄底、垄沟各深松一次，松土深度为 26.5cm，犁底层 6.5cm，松土带宽 8cm。

垄体分层深施肥，底肥深度 8～16cm，起垄深松的同时施入；种肥深度为 5～7cm，播种同时施入，种子位于垄体两侧，双条间距 12cm，播深 3～5cm。用小型精量点播机垄上双条点种，垄上双条间距 12cm，种肥播于双条种子之间，垄距 70cm。也可人工等距精量点播。

第三节　病虫害绿色防控

（1）培育和推广抗病品种。

（2）黑豆种子药剂处理和选用无病种子。

（3）栽培技术防治。做好中耕除草，排出田间积水能减轻病害的发生。

（4）田间化学药剂防治。做好虫情预报，注意田间病虫发生，及时防治黑豆蚜虫、菌核病等病虫害。

第四节　收　获

人工收获，可在黑豆成熟 70%～80%、叶片脱落时进行；机械收获，当豆叶基本落净、豆粒归圆、豆荚全干时进行。在收获中应当注意，不同品种必须单独收获、脱粒、运输及储藏。黑豆的包装物要避免对黑豆及环境造成污染。储藏前还应对仓库进行清洁卫生、除虫及消毒等处理。

第十九章　小扁豆绿色高效生产技术

第一节　概　述

小扁豆是长日照作物，也有中性的。喜温暖干燥气候。耐旱性强而不耐湿。种子发芽最低温度为15℃，最适温度为18~21℃，结荚期最适温度为24℃左右。生育期90~120d。种子休眠期短，子叶不出土。适宜于沙质壤土而不适于酸性土壤。

中国主要将小扁豆与小麦、玉米磨成混合粉制作面食或以小扁豆粉制凉粉；嫩叶、青荚、豆芽作蔬菜。豆秸含蛋白质约4.4%，是优质饲料，也常于开花时翻入土中用作绿肥。

第二节　绿色高效生产技术

一、播前准备

（一）选地整地

小扁豆种植以肥力中下的川旱地或山台地为好。一般在秋季前作收获后及时进行翻耕或旋耕，早春及时耙、耱，做到上虚下实，地面平整，减少土壤水分散失，为小扁豆发芽和出苗创造良好的环境条件。

小扁豆对前作要求不严，常与胡麻、糜子、马铃薯、油菜等作物轮作，适宜在中性或弱碱性土壤上种植。

（二）施肥

可结合整地，施入基肥。施肥以农家肥、磷肥和钾肥为主，少施氮肥。施肥方式以基肥为主，一般在施农家肥 22 500～30 000kg/hm^2 的基础上，加施磷酸二铵 150～225kg/hm^2，或普通过磷酸钙 225～300kg/hm^2；也可在播前或播种时一次施入。为防烧苗，不宜用化肥作种肥。

在缺锌地区，播种前作为基肥在土壤中施 10.5～15kg/hm^2 的硫酸锌，可提高小扁豆产量和品质。

（三）种子处理

在选用良种的基础上进行种子精选，选择粒大、饱满、无破碎，无病虫害的籽粒作种用，播前应进行晒种，以促进出苗，使幼苗健壮。

播前晒种，或用 10%～15%的盐水浸泡 10min 左右，捞出晾干后播种，此法对杀灭病、虫害效果显著，同时有助于发芽和根的生长。

二、播种

（一）播种期

小扁豆 3 月下旬至 5 月初播种均可正常成熟，可根据气候情况选择适宜的播种时间。在甘肃、宁夏等地，一般 3 月中下旬或 4 月上中旬播种。

（二）播种方式

小扁豆的播种方式多为条播、撒播或畜力播种机播种。播种深度应根据籽粒大小和土壤墒情而定，通常以 3～5cm 为宜。

（三）播种量

根据籽粒大小而定，要求每公顷种植苗数为 225 万株，大粒种子 75kg/hm^2 左右，小粒种子 60kg/hm^2 左右。

三、田间管理

为保全苗，出苗前特别要注意破除板结；小扁豆幼苗期生长缓慢且植株较矮，在播种后的前两个月容易遇到速生杂草的危害，为促进生长，应特别重视除草、松土，一般苗齐后即可进行浅松土、除杂草。以后随着地上部生长加快，在开花前根据田间生长情况，至少再除草、松土 1~2 次，封行后至成熟前注意防控蚜虫、拔除杂草。

第三节　病虫害绿色防控

一、病害

在干旱、半干旱区地区，小扁豆病害相对较少，局部地区有根腐病发生，主要防治措施为种植抗病品种、实行轮作倒茬。

二、虫害

对小扁豆为害较大的虫害是蚜虫。当气候干旱时容易发生，一旦发作，虫口数量密集，为害部位多在中上部茎秆和叶片，造成叶片发黄，植株萎缩，生长不良。用 40%氧乐果乳油 750mL/hm^2，或 2.5% 敌杀死 450mL/hm^2 对水喷雾防治。

第四节　收　获

小扁豆成熟时易落荚、落粒，因此应及时收获。小面积种植时，一般采用人工整株连根拔起或用镰刀等工具收割。收获后的小扁豆应及时晾晒脱粒，防止遇雨霉变。

为防籽粒变褐色，脱粒后的小扁豆切勿长时间暴晒，晾晒干燥后经清选，在干燥冷凉的环境下储存。

第二十章　芸豆绿色高效生产技术

第一节　概　述

芸豆属矮生或蔓生性一年生草本植物，蝶形花科菜豆属。按茎的生长习性可分为三种类型，即蔓生种菜豆、矮生变种和半蔓生种；按荚果结构分为硬荚芸豆和软荚芸豆；按用途分为荚用种和粒用种；按种皮颜色分为白芸豆、黑芸豆、红芸豆、黄芸豆、花芸豆五大类。矮生芸豆又称为地芸豆、四季豆、芸扁豆，蔓生芸豆又称为架豆、架芸豆、豆角。

芸豆原产地在中南美洲，栽培技术大约在16世纪传入中国。芸豆是世界上栽培面积仅次于大豆的食用豆类作物，几乎遍布世界各大洲，种植面积264.7万 hm^2，占整个食用豆类种植总面积的38.3%；总产量1 629.4万t，占整个食用豆类总产量的27.4%。黑龙江省是我国出产芸豆品种、数量最多的省份，年产量达30万t。河北省产地集中在北部，其中张家口地区的怀安、阳原、涿鹿、蔚县等地年产黄芸豆2 000t左右；坝上地区的张北、康保、沽源等地每年出产坝上红芸豆10 000t以上，并有少量深红芸豆。

第二节　绿色高效生产技术

一、优质高产栽培技术

1. 播种时期

芸豆从播种到开花所需积温：矮生种700~800℃·日。蔓生种860~1 150℃·日。芸豆是喜温性蔬菜，须在无霜期内栽培，夏季高温多雨条件下不利开花结荚，栽培适宜的月均温度为10~25℃。春季播种时，西北地区在4月上旬至4月下旬、华北地区在4月中旬至5月中旬、东北地区在4月下旬至5月上旬，矮生菜豆可比蔓生种早播几天。过早播种，地温低，发芽慢，甚至烂籽造成缺苗断垄或使幼苗受霜冻；播种过晚，出苗虽快，但影响早熟，产量也低。秋架豆播期以在下霜前100d左右播种为宜，矮生种比蔓生种晚播10多天。

2. 选地作畦

选土层深厚、排水、通透性良好的沙壤土栽培为好。连作或与豆科作物连作生长发育不良，易发病，以2~3年轮作为宜。秋菜收获后及时深翻，春季化冻后进行耙地，可改善土壤耕作层的理化性状，提高地温。每亩用1 000~2 500 kg有机肥和磷酸二铵或撒可富15kg作基肥。基肥必须充分发酵腐熟，以防地蛆为害。

作畦方式，一般为平畦栽培，土壤要细，畦面宜平，畦宽1~1.2m、畦长8~13m，早熟栽培或低湿盐碱地可用高垄。

3. 选种播种

(1) 选种。选用粒大、饱满、无病虫的新鲜种子，晒1~2d播种。

（2）播种。蔓生芸豆开沟条播或穴播，矮生芸豆多数为穴播。蔓生芸豆行距 50~60cm，穴距 16~26cm，每穴播 4~6 粒，每亩用种 4~6kg；矮生芸豆行距 33~40cm，穴距 16~28cm，每穴 3~6 粒，每亩用种 5~8kg。播后覆土，在播种沟上堆成一个小土埂保墒增温，过 4~5d 后临出苗前及时耙平土埂，以利出苗。

4. 田间管理

（1）查苗补苗。在适宜环境条件下，芸豆从播种至第一对真叶微露需 10d 左右，出现基生叶时就应查苗补苗。

（2）浇水。水分是芸豆生长发育很重要的环境条件之一，但若浇水不当又很容易产生茎叶生长和开花结果间争夺养分的矛盾而致落花落荚，降低产量。在水分管理上应掌握“干花湿荚”的原则，苗期以营养生长为主，宜控制水分，中耕 2~3 次，提高地温。定植后轻浇一次缓苗水，然后中耕细锄。

初开花期不浇水，这时供水多，植株营养生长过旺、消耗养分多，致使花蕾得不到足够的营养而不能完全发育或开花，造成落花落荚。若土壤和空气过于干旱，临开花前浇一次小水，若墒情良好，一直蹲苗到坐荚。矮生芸豆生长发育快，蹲苗期宜短。

坐荚以后，芸豆植株逐渐进入旺盛生长期，既长茎叶，又陆续开花结果，需要很多的水分和养分。待幼荚长 3~4cm 时开始浇水。结荚初期 5~7d 浇一水，以后逐渐加大浇水量，使土壤水分稳定，保持田间持水量的 60%~70%。

（3）开花结荚期追肥。芸豆对氮、磷、钾、钙等元素的吸收量，随着苗期、开花结荚初期、嫩荚采收期的顺序逐次增加，蔓生种比矮生种需肥量大，施肥次数也应多。开花后结荚期应施 2~3 次追肥，氮、磷、钾肥配合施用。芸豆后期根瘤萎缩逐渐丧失固氮能力，此时若缺水脱肥，植株就会败秧，因此要加强水肥管理。一般采用0.4%的磷酸二氢钾或0.5%的尿素作根外追肥喷洒，效果显著。

5. 采收

春播芸豆从播种到豆荚初采收矮生种50~60d，收获期一个月，蔓生种65~80d，可连续采收两个月左右。芸豆开花后经10~15d达食用成熟度，成熟标准为荚由细变粗、色由绿变白绿、豆粒略显、荚大而嫩。及时采收既可保证豆荚品质鲜嫩，又能减轻植株负担，促使其他花朵开花结荚，减少落花落荚和延长采收期。结荚前期和后期2~4d采收一次，结荚盛期1~2d采收一次。

豆用芸豆一般当80%的荚由绿变黄，籽粒含水量为40%左右时，开始收获。收获后的籽粒应及时晾晒或机械干燥，对刚收获的种子，最好先人工晾晒，当籽粒含水量降至18%以下时，再用烘干机械干燥，使籽粒含水量降至以下。因为当籽粒含水量高时，机械干燥易导致籽粒皱缩，种皮破裂，发芽率下降。如果籽粒含水量在25%以上，干燥温度不能高于27℃；含水量低时，温度可以高一些，但也不能超过32℃。另外，收获白粒芸豆时，要特别注意避开雨水，沾雨籽粒变污变黑无光泽，品质明显下降；蔓生芸豆要分次收获。

6. 落花落荚的防止措施

芸豆的花芽分化数量大，蔓生种每株能开10~20个花序，每花序生花4~10朵，但结荚率仅占花芽分化数的4.5%~10.8%、占开花数的20%~35%。可见，其增产潜力很大。影响芸豆落花落荚的因素主要有温度、光照、湿度、养分等。如春芸豆早期花芽分化和开花期遇低温或夏季遇高温，尤其是高夜温，夜温在25℃以上，便会造成蕾期分化不完全，不能开放。温度低于10℃，花芽的发育所受影响与高温时相似。开花期遇雨季，湿度过大，花粉不能破裂散出或被雨水淋溶而无法受精。芸豆对光照强度的反应很敏感，尤其是花芽分化后，因光照强度弱或因栽培条件差，植株开花结荚数减少，落花落荚数增多。防止落花落荚的措施是把菜豆的生育期安排在温度适宜的月份内栽培，避免或减轻高温和低温危害。栽培密度合理，改善光照条件，及时采收嫩荚，施完全肥料，氮、磷、钾合理配合施用。苗期和开花初期以中耕保墒为主，另外喷施萘乙酸（NAA）5~20mg/L 在开花的花序上，可减少落花，增加结荚率。

二、栽培技术要点

1. 土地选择和准备

要选择土层深厚、有机质较多、排水通气良好的中性壤土或沙壤土。选择上年未种过芸豆而排水良好的地块，最好是冬闲地。冬前深耕，耕深 15~20cm，晒垡。翻耕前施足基肥，亩施优质有机肥 1 500kg、过磷酸钙 30kg 或磷酸二铵 15kg、氯化钾 10kg。若采用地膜覆盖栽培，基肥应适当增加。

2. 播种育苗

芸豆的栽培季节应以避开霜季和不在最炎热时期开花结荚为原则。播种前将芸豆种子晾晒 1~2d 后，放于福尔马林溶液中淘洗 20min，用清水漂净，再置温水中浸泡 3~4h，取出沥干，播种。也可用种子播量的 0.3%福美双拌种后播种。每穴种子 3 粒，播时浇足底水，上覆 5cm 细土，然后盖地膜保温，床温保持在 18~20℃，发芽出土后及时揭去地膜。如有寒潮侵袭时，还要盖草帘。一星期左右长出真叶后，白天一般不盖棚，以防幼苗徒长。定植前 2~3d，夜间也不盖棚，以锻炼幼苗。苗龄 15~20d 即可定植。

早春芸豆也可采用大田地膜覆盖栽培。地膜覆盖可以提高土温，促进早熟。直播时，如果土地干旱，要提前4~5d浇水造墒。蔓生种直播行距50~60cm、株距30~40cm；穴播，株距小的每穴播种3~4粒，最后留苗2株；株距大的每穴播4~5粒，最后留苗3株。每亩苗数0.8万~1.0万株。矮生种行距为37~46cm，株距33cm。每穴播种3~4粒，最后留苗2株，每亩苗数1.7万~2.4万株。用种量蔓生种每亩2.5~3kg，矮生种每亩3.5~5.0kg。

3. 田间管理

（1）及时间苗、补苗。当芸豆长出第一对初生叶时，要及时查苗、间苗及补苗。幼苗期间苗1~2次，第一对初生叶受损伤或脱落的苗以及弱苗、畸形苗、丛生苗都必须去掉。在播种时要在田边角播上一些备用或营养钵育苗，以作补苗之用。

（2）中耕松土。在封垄前都要勤中耕松土，尤其是在苗期及定植后，中耕松土能保墒和提高地温，促早发棵。封垄后一般不再中耕。

（3）追肥。应本着花前少施、花后多施、结荚盛期重施的原则进行追肥。施用氮肥苗期宜少量、抽蔓至初花期要适量，但要视植株生长情况而定。生长势旺，氮肥施用要控制，开花结荚以后氮、磷、钾要适当配合，使钾多于氮。开花后用0.3%磷酸二氢钾、0.1%硼砂、0.3%钼酸铵混合液进行根外喷施，每隔7~10d喷一次，连喷2~3次，其增产效果显著。

（4）浇水。除播种时浇足底水外，苗期一般不浇水。定植时浇压根水一次，3~4d后再浇一次缓苗水。而后至第一花序结荚前不浇或少浇水。盛花期则需要勤浇水，直至采收结束，都要保持土壤湿润。

（5）及时搭架。蔓生芸豆“吐藤”时要及时搭架。架的形式有“人”字形架、“倒人”字形架和四角形架，其中以“人”字形架为好。架要搭得高、搭得牢，防止坍架。架搭好后，及时把蔓绕在架上。

4. 适时采收

三、日光温室栽培技术要点

1. 育苗

多用营养方育苗，可在苗畦内切方育苗，也可在塑料钵（袋）育苗。播种时，选用大粒饱满的种子，直接播于营养方内，也可在播前将种子用50%的多菌灵可湿性粉剂按种子量的0.5%拌种，或用40%的多硫悬浮物50倍液浸种2~3h后用清水洗净，催芽后再播种。播前将土壤浇透水，以保证出苗的足够水分。

苗期管理：芸豆播种后，若环境适宜，2~3d内就可出苗，4~6d子叶即可展开。这时应降低温度以防幼苗徒长。定植前10d左右，要进行低温炼苗。经过锻炼的健壮幼苗在定植时的苗态为株丛矮壮，叶色浓绿，节粗叶柄短。苗期各阶段温度控制如表20-1所示。

表20-1　苗期温度控制表

时期	播种—齐苗	齐苗—炼苗前	炼苗
白天温度（℃）	20 ~25	18 ~22	16 ~18
夜间稳定（℃）	12 ~15	10~13	6~10

2. 定植

（1）定植前的准备。在定植前20~25d应提早浇足水，施腐熟的农家肥3 000~5 000kg/亩、过磷酸钙30~40kg/亩、草木灰 100kg/亩。将这些基肥一半全面撒施，耕翻入土，另一半按 55~60cm 的行距开沟施入，沟深 10~15cm，使肥土混匀后顺沟浇足底水，填土起垄，垄高 18cm，上宽 12cm。

（2）定植时期和定植密度。芸豆定植时苗龄不可过大，当幼苗具 2 片子叶时即可定植，当幼苗具有 1~2 片真叶，未甩蔓时要及时定植。因为小苗移栽伤根少，定植后缓苗快，故主张用小苗定植。

定植密度要合理，不宜过大，但为了丰产，也不宜过稀。矮生种每穴 3~4 株，定植 4 500~5 000 穴/亩，蔓生种酌减。

3. 播后管理

（1）温度管理。播后白天维持在 20℃为宜，超过 25℃放风，夜间气温要保持在 15℃以上，早晨不能低于 10℃，过低时要加保温设备草帘等。芸豆缓苗期及开花结荚期适宜温度管理如表 20-2 所示。

表 20-2　缓苗期及开花结荚期温度控制表

时期	缓苗期	开花结荚期
白天温度（℃）	20 ~25	25 左右
夜间稳定（℃）	12 ~18	>15

（2）施肥浇水。总体要掌握“苗期少，抽蔓期控，结荚期促”的原则。出苗后视土壤墒情浇一次齐苗水。以后适当控水，长有 3~4 片真叶时，蔓生品种插架时浇一次抽蔓水，追施硝酸铵 15~20kg/亩，以促进抽蔓、扩大营养面积。以后直到开花前为蹲苗，控水控肥，使之由营养生长向生殖生长发展，但要防止水肥过多影响根系生长、落花落荚、跑空秧子。

第一花序开放期是营养生长过渡的转折期，不能浇水，第一花序开放后，转入对肥水需求的旺盛期。一般第一花序幼荚伸出后可结束蹲苗浇头水，以后浇水量逐渐加大（但不能浸过种植垄），保持土壤相对湿度在60%~70%。每采收一次浇一次水，但要避开盛花期。浇两次水追一次肥，每次用硝酸铵15~20kg/亩，顺水将化肥冲入。

（3）植株调整。蔓生品种长有4~8片叶开始抽蔓时进行插架。秧子长到离前屋面薄膜20cm左右时摘心。结果后期，要及时打去下部病老黄叶，改善下部通透条件，促使侧枝萌发和潜伏花芽开花结荚。

4. 适时采收

四、马铃薯—丰宁坝上红芸豆套种模式

1. 适宜地区

该模式适合丰宁坝上及周边内蒙古地区种植。

2. 茬口安排

4月底5月初播种马铃薯，5月中下旬点播丰宁坝上红芸豆。

3. 栽培管理

（1）马铃薯。选用中早熟、植株较小的马铃薯品种，如费乌瑞它、大西洋、夏坡蒂等。如果选用2191和坝薯10号，因植株高大影响丰宁坝上红芸豆生长，播前施足底肥，亩施优质有机肥4 500~5 000kg、撒可富50kg，于5月10日前播种马铃薯，亩株数在4 000株左右，行距55cm、株距30cm，亩产量一般在1 200~1 500kg。

（2）坝上红芸豆。5月下旬点播坝上红芸豆，行距2m，穴距55cm，坝上红芸豆行的方向与马铃薯行垂直，点播时每穴3~4粒，8月底收获，亩产量一般为75~90kg。

第三节　病虫害绿色防控

坚持“预防为主，综合防治”的植保方针；坚持“绿色防控为主，化学防治为辅”的原则；力求采用耕作防治、物理防治、生物防治等无害化技术及措施。农药使用执行：GB/T 8321.10—2000 农药合理使用准则，GB 4285—1989 农药安全使用标准。

一、合理轮作倒茬

豆类与谷子、马铃薯等实行 3 年以上的轮作制度，以有效减少因连作重茬导致的病害发生。

二、播前药剂拌种

播前最好用甲基硫菌灵、克露或多菌灵等可湿性粉剂，按说明书要求用量及浓度进行拌种处理，以减少土传病害发生。

三、拔除田间病株

于生长中期，随时拔除与销毁发病、带病植株，以控制病害扩散和散落潜留于土壤中。

四、及早化学防治

红芸豆易发生的病害主要有：根腐病、菌核病、褐斑病、豆病毒病等，可用甲基硫菌灵、多菌灵、百菌清、克露、菌克毒克、速克灵、菌核净等一种或几种，按说明书要求用量及浓度，于定苗后喷施于植株茎基部，或于拔节期配成毒土撒于地表，于开花前再作一次叶面喷雾。红芸豆害虫主要是黑绒金龟子、斑潜蝇、豆荚螟、蚜虫等，可用苦参碱、抗蚜威、绿菜宝等，按说明书要求用量及浓度，于发生初期及时撒毒土熏蒸或叶面喷雾。

第四节 收 获

为保证芸豆籽粒的质量和色泽，脱粒后不要在阳光下暴晒，要放在麻袋内、库内或苫布下阴干，然后贮于仓库内。干燥后的籽粒在进库贮藏之前，要进行清选和分级，带病、带虫籽粒不能进库。芸豆籽粒进库之前还要用磷化铝熏蒸，如果仓库容积较小，又能密封，在库中熏蒸即可；如果仓库较大，应分批熏蒸后再入库。

贮藏种子允许的含水量，因各地气候条件不同而有所变化。在南方各省区，温湿度较高，贮藏种子含水量不能超过11%；北方各省区干旱少雨，库中通风良好，种子含水量允许为13%；在北京地区，常温下贮藏，种子含水量为13%，3~5年内能保持70%左右的发芽率。

芸豆在我国的食用途径很多，包括嫩荚和籽粒食用两类。鲜嫩荚可作蔬菜食用，也可脱水或制罐头；作为粒用可与大小米混合食用，可增加植物蛋白的摄取量；还可制作休闲与风味食品，如芸豆糕、芸豆饼、芸豆豆瓣酱、腊八粥、芸豆沙拉等。

参考文献

刘锋明. 2015. 小杂粮生产技术［M］. 北京：中国农业出版社.

全国农业技术推广服务中心. 2015. 中国小杂粮优质高产栽培技术［M］. 北京：中国农业出版社.

王艳茹. 2016. 小杂粮生产技术［M］. 石家庄：河北科学技术出版社.